美丽乡村建设实践丛书

乡村建设工程施工技术

毛建光　陈树龙　褚广平　主编

中国建材工业出版社

图书在版编目（CIP）数据

乡村建设工程施工技术/毛建光，陈树龙，褚广平
主编. --北京：中国建材工业出版社，2022.9
（美丽乡村建设实践丛书）
ISBN 978-7-5160-3423-1

Ⅰ.①乡…　Ⅱ.①毛…②陈…③褚　Ⅲ.①农业建
筑—建筑施工—中国　Ⅳ.①TU745.6

中国版本图书馆 CIP 数据核字（2021）第 264336 号

乡村建设工程施工技术
Xiangcun Jianshe Gongcheng Shigong Jishu
毛建光　陈树龙　褚广平　主编

出版发行：中国建材工业出版社
地　　址：北京市海淀区三里河路 11 号
邮　　编：100831
经　　销：全国各地新华书店
印　　刷：北京印刷集团有限责任公司
开　　本：787mm×1092mm　1/16
印　　张：11
字　　数：230 千字
版　　次：2022 年 9 月第 1 版
印　　次：2022 年 9 月第 1 次
定　　价：49.00 元

编 委 会

顾　　问：王云江

主　　编：毛建光　陈树龙　褚广平

副 主 编：徐建章　竺毅君　陈海峰

　　　　　程　承　张国栋

参　　编：（编委按姓氏笔画排序）

　　　　　王远毅　王　昱　王冠男　王建文

　　　　　王琪一　毛　奇　毛　隽　刘　旭

　　　　　孙亚玮　陈顺林　邹利坤　沈黎黎

　　　　　张建新　张展忠　俞高良　唐　亮

　　　　　倪程程　董学洪　潘晓烨

主编单位：浙江东南建设管理有限公司

参编单位：杭州余杭建筑设计院有限公司

　　　　　浙江大东吴集团建设有限公司

　　　　　杭州八鑫环境建设有限公司

　　　　　杭州新天地建设监理有限公司

前　言

习近平总书记在党的十九大报告中指出,农业、农村、农民问题是关系国计民生的根本性问题,必须始终把解决好"三农"问题作为全党工作的重中之重,实施乡村振兴战略。中国要强,农业必须强;中国要富,农民必须富;中国要美,农村必须美,建设美丽中国,必须建设好"美丽乡村"。

建设美丽乡村不仅仅是农村居民的需要,也是城市居民的需要。农村所有问题,包括生态问题、环境问题、文化问题,不仅影响农村人口的生产生活,也从各方面影响城市产业发展和城市居民的生活。因此,我们要走中国特色社会主义乡村振兴道路,让农业成为有奔头的产业,让农民成为有吸引力的职业,让农村成为安居乐业的美丽家园。"产业兴旺、生态宜居、乡风文明、治理有效、生活富裕"的总要求,是从我国当前最核心、最根本、最急需解决的矛盾和问题出发,提出的极具现实针对性的目标要求。可以说,乡村振兴战略抓住了每个村民最关心、最直接、最现实的利益问题,"望得见山、看得见水、记得住乡愁"的时代发展新主题,是新时代背景下乡村振兴战略的总要求。

近年来,浙江省深入实施"八八战略",以"绿水青山就是金山银山"理论为引领,通过乡村改造、设施配套、生态治理等系列措施,努力打造生态乡村,这是实现乡村振兴战略的第一步;乡村环境指标达标后,美丽乡村建设紧跟其上,山清水秀的自然景观改变了人们对以往乡村"脏乱差"的印象,但2.0版本的"美丽乡村"建设仍未解决乡村发展内生动力不足的问题。

目前,城镇一体化已进入新的融合发展阶段,以城带乡也要求乡村自身具备发展能力。持有先发基础优势的浙江省,将率先进入乡村振兴3.0版本。浙江省围绕农业农村现代化、城乡融合发展和生态文明建设总目标,按照产业兴旺、生态宜居、乡风文明、治理有效、生活富裕的总要求,启动实施全域土地综合整治与生态修复工程,通过创新土地制度供给和要素保障,优化农村生产、生活、生态用地空间布局,形成农田连片与村庄集聚的土地保护新格局,以及生态宜居与集约高效的农村土地利用空间结构,确保乡村振兴战略扎实有序推进,继续走在前列。在乡村振兴战略背景下,浙江省基于生态维护、古村保护、文化传承等"底线思维"，研究创新了"四个一"要素：一张规划蓝图、一套全域策划、一个责任机制、一本建设指南。随着乡村建筑行业的不断发展，建筑工程施工也在不断发展。就建筑行业施工而言，质量是最先需要保证的，要想提高乡村建筑工程施工的整体质量，就需要对建筑工程施工技术进行改善，确保建筑工程的质量。

浙江省已启动农村改造计划，乡村建设可谓走在了全国前列，笔者相信其创新发展模式对全国各地的乡村建设有借鉴意义。本书包括乡村房屋基础施工技术、乡村上部结构工程、乡村建筑装饰装修工程、乡村服务设施施工技术，共四章内容，陈述了每项技术的内容、指标、常用工具和材料、操作步骤和方法，具有实用性与可操作性，可作为美丽乡村建设相关管理者、设计者以及建筑施工人员的技术参考用书，也可作为高职院校建筑施工相关专业的培训教材。

编著者
2022 年 6 月

目 录

第一章 乡村房屋基础施工技术

第一节 乡村建房地基的施工方法

地基的施工是建房施工前期一个重要的步骤，房屋质量与建房地基的施工质量密不可分。面对自建房（联建房）的地基及基础施工，大多数没有建筑经验的年轻人都会不知所措，不知道地基基础施工该如何进行。

我国现有的农村建房基础主要有六种，具体为：独立基础、条形基础、井格基础、片筏基础、箱形基础和桩基础。

上述六种地基基础是不能随便运用的，我们要通过房屋的要求和地质情况及其等级状况等问题，来选择适合自建房的地基做法。但是，到目前为止，我国大部分的自建房都是小规模砌墙体的房屋，这类型的房屋是最适合条形基础的，（联建房）但是会因为地基状况的复杂程度，也可选择桩基础。当我们了解了地基的施工方法后，就可以了解乡村建房地基的具体施工步骤。不同形式的地基做法不同，根据施工顺序介绍如下。

一、定位放线的常用工具和材料

50m 和 5m 的钢卷尺、水平尺、透明塑料水管、线绳、白灰粉、木楔。

二、乡村建筑物施工基础放线步骤

1. 建筑物定位

房屋建筑工程开工后的第一次放线前需进行建筑物定位，参与人员为城市规划部门（下属的测量队）及施工单位的测量人员，根据建筑规划定位图（总平面图）进行定位，最后在施工现场形成（至少）4 个定位桩。放线工具为全站仪或者经纬仪。

2. 基础施工放线

设定建筑物定位桩后，由施工单位专业的测量人员、施工现场负责人及监理共同对基础工程进行放线及测量复核，最后放出所有建筑物轴线的定位桩，所有轴线定位桩都是根据规划部门的定位桩（至少 4 个）及建筑物底层施工平面图进行放线的。放线工具为经纬仪。

基础定位在放线完成后，由施工现场的测量员及施工员依据定位的轴线放出基础的边线，进行基础开挖。基础轴线的定位桩在基础放线的同时需外引到拟建建筑物周围的永久建筑物或固定物上，防止轴线的定位桩被破坏时进行补救。

3. 主体施工放线

基础工程施工出正负零后，要进行主体一层、二层直至主体封顶的施工及放线工作。根据轴线的定位桩及外引的轴线基准线进行施工放线。用经纬仪将轴线打到该建筑物上，在建筑物的施工层面上弹出轴线，再根据轴线放出柱子、墙体等边线，每层都如此，直至主体封顶。

4. 挖基槽

挖基槽时要将撒出的石灰线当中心线，如果基槽挖 1m，则从石灰线左右两边各挖 0.5m，也可以在基础宽加工作面尺寸两边撒出石灰线挖基槽后浇垫层。

5. 地基验槽

地基基槽完成后要进行地基验槽。地基验槽是用来检测地基施工质量的一个衡量标准，切不可大意。

第二节　基坑工程

在基坑（槽）或管沟工程等开挖施工中，现场不宜进行放坡开挖，当可能对邻近建（构）筑物、地下管线、永久性道路产生危害时，应对基坑（槽）、管沟进行支护后再开挖。

土方开挖的顺序、方法必须与设计工况相一致，并遵循"开槽支撑，先撑后挖，分层开挖，严禁超挖"的原则。

基坑（槽）、管沟土方施工中应对支护结构、周围环境进行观察和监测，如出现异常情况应及时处理，待恢复正常后方可继续施工。

基坑（槽）、管沟开挖至设计标高后，应对坑底进行保护，经验槽合格后，方可进行垫层施工。对特大型基坑，宜分区分块挖至设计标高，分区分块及时浇筑垫层，必要时可加强垫层。

第三节　地下连续墙

一、施工中应检查成槽的垂直度、槽底的淤积物厚度、泥浆相对密度、钢筋笼尺寸、浇筑导管位置、混凝土上升速度、浇筑面标高、地下墙连接面的清洗程度、混凝土的坍落度、锁口管或接头箱的拔出时间及速度等。

二、钢筋笼制作与安装允许偏差应符合表 1-1 的规定。地下连续墙成槽及墙体允许偏差应符合表 1-2 的规定。

表 1-1　地下连续墙质量检验标准

项	序	检查项目		允许值		检查方法
				单位	数值	
主控项目	1	墙体强度		不小于设计值		28 d 试块强度或钻芯法
	2	槽壁垂直度	临时结构	≤1/200		20%超声波 2 点/幅
			永久结构	≤1/300		100%超声波 2 点/幅
	3	槽段深度		不小于设计值		测绳 2 点/幅
一般项目	1	导墙尺寸	宽度（设计墙厚＋40mm）	mm	±10	用钢尺量
			垂直度	≤1/500		用线锤测
			导墙顶面平整度	mm	±5	用钢尺量
			导墙平面定位	mm	≤10	用钢尺量
			导墙顶标高	mm	±20	水准测量
	2	槽段宽度	临时结构	不小于设计值		20%超声波 2 点/幅
			永久结构	不小于设计值		100%超声波 2 点/幅
	3	槽段位	临时结构	mm	≤50	钢尺 1 点/幅
			永久结构	mm	≤30	
	4	沉渣厚度	临时结构	mm	≤150	100%测绳 2 点/幅
			永久结构	mm	≤100	
	5	混凝土坍落度		180～220		坍落度仪
	6	地下连续墙表面平整度	临时结构	mm	±150	用钢尺量
			永久结构	mm	±100	
			预制地下连续墙	mm	±20	
	7	预制墙顶标高		mm	±10	水准测量
	8	预制墙中心位移		mm	≤10	用钢尺量
	9	永久结构的渗漏水		无渗漏、线流、且≤0.1L/（m²·d）		现场检验

表 1-2　钢筋笼制作与安装允许偏差

项	序	检查项目		允许偏差		检查方法
				单位	数值	
主控项目	1	钢筋笼长度		mm	±100	用钢尺量，每片钢筋网检查上中下 3 处
	2	钢筋笼宽度		mm	0 −20	
	3	钢筋笼安装标高	临时结构	mm	±20	
			永久结构	mm	±15	
	4	主筋间距		mm	±10	任取一断面，连续量取间距，取平均值作为一点，每片钢筋网上测 4 点
一般项目	1	分布筋间距		mm	±20	
	2	预埋件及槽底注浆管中心位置	临时结构	mm	≤10	用钢尺量
			永久结构	mm	≤5	
	3	预埋钢筋和接驳器中心位置	临时结构	mm	≤10	用钢尺量
			永久结构	mm	≤5	
	4	钢筋笼制作平台平整度		mm	±20	用钢尺量

第四节 止水帷幕漏水防治

一、在高压旋喷止水帷幕施工过程中，应根据不同地层严格控制提升速度，砂层提升速度一般不大于 10cm/min。而对承压水头过大的地层，减小水泥浆的水灰比，施工时应将喷头降到孔底，待孔口返浆后再开始提升喷射注浆。

二、水泥搅拌桩止水帷幕施工前应平整硬化施工场地，施工过程中应严格控制桩基的垂直度，放慢提升速度并及时进行复喷复搅。

三、地下连续墙止水帷幕槽幅工字钢接头处设置塑料泡沫或回填砂袋，用刷槽器刷槽，成槽后应严格清渣，应采用优质泥浆置换和悬浮槽底泥渣。

第五节 保证桩身质量的施工措施

一、桩身断裂及损坏防治

1. 高强预应力混凝土管桩施工前应将地下障碍物清理干净，尤其是桩位下的障碍物，必要时用钎探检查。桩身弯曲超过规定（$L/1000$）或桩尖不在桩纵轴线上的不得使用。

2. 在打桩过程中如发现桩不垂直应及时纠正，桩锤击或压入一定深度发生严重倾斜时，不得采用移架方法来校正。接桩时，要保证上下两节桩在同一轴线上，接头焊接必须严格按设计和规范要求执行。土方开挖时严禁机械对桩身的碰撞，桩头有明显机械碰撞痕迹的应详细记录，并进行桩身完整性检测验证。

二、桩身上浮防治

1. 高强预应力混凝土管桩施工过程中应严格控制布桩密度，对桩距较密部分的管桩可采用预钻孔沉桩方法（钻孔孔径约比桩径小 50～100mm，深度宜为桩长的 1/3～1/2，先引孔后再施打管桩）以减少挤土效应。

2. 压桩施工时应设置观测点，定时检测桩的上浮量及桩顶偏位值，设置一定比例的观测点对已完成的管桩进行桩顶标高监测并做好记录。

3. 发现有桩身上浮现象时，应采用复打或复压措施。

三、桩身倾斜防治

1. 高强预应力混凝土管桩施工场地应平整并硬化，在较软的场地中应适当铺设道砟或采取其他必要的措施提高地基承载力，防止桩机在打桩过程中产生不均匀沉降。

2. 施工过程中要严格控制好桩身垂直度，重点应放在第一节桩上，垂直度偏差不得超过桩长的 0.5%，沉桩时宜设置经纬仪或线坠在两个方向上进行校准。

3. 制定合理的施工顺序，桩基施工后的孔洞应及时回填。

4. 桩基施工后应在停歇期后再进行基坑开挖施工，基坑开挖应分层均匀进行，必须加强基坑支护措施，防止因土体对桩的侧压力而引起管桩倾斜或折断。

四、桩承载力（岩土）达不到设计要求防治

1. 高强预应力混凝土管桩正式施打前，可在正式桩位上进行工艺试桩，以了解管桩施工情况，验证桩锤或压桩设备选择合理性，确定收锤标准或终压标准。如果设计有要求时，施工前应根据设计要求进行承载力试验。

2. 当桩端持力层为遇水易软化的风化岩（土）层时，桩尖应采用封口型，桩尖焊接应连续饱满不渗水，并对管桩进行封底混凝土施工。

五、钢筋笼上浮防治

1. 钻孔灌注桩（包括旋挖桩、冲孔桩等）混凝土在灌注过程中应严控导管居中，在提升时防止导管挂带钢筋笼。

2. 控制混凝土的初凝时间，混凝土的初凝时间应考虑气温、运距及灌注时间长短的影响，一般混凝土的初凝时间应控制在不小于正常运输和灌注时间之和的两倍。

3. 控制混凝土灌注时的导管埋深和混凝土的上返速度。为防止钢筋笼上浮，混凝土浇灌面上升至钢筋笼底以上3m后不宜继续浇灌，待拆管至钢筋笼底以上1m后继续浇灌。

六、桩底沉渣过厚防治

1. 钻孔灌注桩（包括旋挖桩、冲孔桩等）开始灌注混凝土时，导管底部至孔底距离控制在 30~40cm，应有足够的混凝土储备量，使导管一次埋入混凝土内 1m 以上。混凝土灌注过程中，导管埋入混凝土深度宜为 2~5m，严禁将导管提出混凝土灌注面，并应控制提拔导管速度；灌注过程中应不断测定混凝土面上升高度，并根据混凝土的供应情况来确定拆卸导管的时间及长度。

2. 混凝土灌注必须连续施工，并严格控制每车混凝土的坍落度，每根桩的灌注时间应按混凝土的初凝时间来控制。

七、钢筋笼保护层厚度不足或露筋防治

1. 钻孔灌注桩（包括旋挖桩、冲孔桩等）钢筋笼箍筋或加强筋上应设置混凝土保护层垫块。

2. 钢筋笼宜分段孔口安装，长钢筋笼一次安装时，应采取措施避免钢筋笼变形。

3. 钢筋笼应对孔中心安放，并确保最小保护层厚度，安放完成后宜与钢护筒焊接固定。

第六节　基坑施工封闭降水技术

一、技术内容

基坑封闭降水是指在坑底和基坑侧壁采用截水措施，在基坑周边形成止水帷幕，阻截基坑侧壁及基坑底面的地下水流入基坑，在基坑降水过程中对基坑以外地下水位不产生影响的降水方法；基坑施工时应按需降水或隔离水源。

在我国沿海地区宜采用地下连续墙或护坡桩＋搅拌桩止水帷幕的地下水封闭措施；内陆地区宜采用护坡桩＋旋喷桩止水帷幕的地下水封闭措施；河流阶地地区宜采用双排或三排搅拌桩对基坑进行封闭，同时兼做支护的地下水封闭措施。

二、技术指标

1. 封闭深度：宜采用悬挂式竖向截水和水平封底相结合，在没有水平封底措施的情况下要求侧壁帷幕（连续墙、搅拌桩、旋喷桩等）插入基坑下卧不透水土层一定深度。深度情况应满足式（1-1）：

$$L = 0.2h_w - 0.5b \tag{1-1}$$

式中　L——帷幕插入不透水层的深度（cm）；

　　h_w——作用水头（cm）；

　　b——帷幕厚度（cm）。

2. 截水帷幕厚度：满足抗渗要求，渗透系数宜小于 1.0×10^{-6} cm/s。

3. 基坑内井深度：可采用疏干井和降水井，若采用降水井，井深度不宜超过截水帷幕深度；若采用疏干井，井深应插入下层强透水层。

4. 结构安全性：截水帷幕必须在有安全的基坑支护措施下配合使用（如注浆法），或者帷幕本身经计算能同时满足基坑支护的要求（如地下连续墙）。

5. 适用范围：适用于有地下水存在的所有非岩石地层的基坑工程。

第七节　施工现场水收集综合利用技术

一、技术内容

施工过程中应高度重视施工现场非传统水源的水收集与综合利用，该项技术包括基坑施工降水回收利用技术、雨水回收利用技术、现场生产和生活废水回收利用技术。

1. 基坑施工降水回收利用技术一般包含两种技术：一是利用自渗效果将上层滞水引渗至下层潜水层中，可使部分水资源重新回灌至地下；二是将降水所抽水体集中存放，待施工时再利用。

2. 雨水回收利用技术是指在施工现场中将雨水收集后，经过雨水渗蓄、沉淀等处理，集中存放再利用。回收水可直接用于冲刷厕所、施工现场洗车及现场洒水控制扬尘。

3. 现场生产和生活废水利用技术是指将施工生产和生活废水经过过滤、沉淀或净化等处理达标后再利用。经过处理或水质达到要求的水体可用于绿化、结构养护用水以及混凝土试块养护用水等。

二、技术指标

1. 利用自渗效果将上层滞水引渗至下层潜水层中，有回灌量、集中存放量和使用量记录。

2. 施工现场用水应有至少 20％来源于回收利用的雨水和生产废水等。

3. 污水排放应符合《污水综合排放标准》（GB 8978）。

4. 基坑降水回收利用率应满足式（1-2）：

$$R = K \frac{Q_1 + q_1 + q_2 + q_3}{Q_0} \times 100\% \qquad (1-2)$$

式中　Q_0——基坑涌水量（$\mathrm{m^3/d}$），按照最不利条件下的计算最大流量；

Q_1——回灌至地下的水量（$\mathrm{m^3/d}$），根据地质情况及试验确定；

q_1——现场生活用水量（$\mathrm{m^3/d}$）；

q_2——现场控制扬尘用水量（$\mathrm{m^3/d}$）；

q_3——施工砌筑抹灰等用水量（$\mathrm{m^3/d}$）；

K——损失系数；取 0.85～0.95。

三、适用范围

基坑封闭降水技术适用于地下水面埋藏较浅的地区，雨水及废水利用技术适用于各类施工工程。

第八节　施工现场太阳能光伏发电照明技术

施工现场太阳能光伏发电照明技术是利用太阳能电池组件将太阳光能直接转化为电能储存并用于施工现场照明系统的技术。发电系统主要由光伏组件、控制器、蓄电池（组）和逆变器（当照明负载为直流电时，不使用）及照明负载等组成。

一、技术指标

施工现场太阳能光伏发电照明技术中的照明灯具负载应为直流负载，灯具选用以工作电压为 12V 的 LED 灯为主。生活区安装太阳能发电电池，保证道路照明使用率达到 90％以上。

1. 光伏组件：一般为具有封装及内部联结的、能单独提供直流电输出、不可分割的太阳电池组合装置，又称太阳电池组件。太阳光充足的地区，宜采用多晶硅太阳能电池；阴雨天比较多、阳光相对不是很充足的地区，宜采用单晶硅太阳能电池；其他可根据太阳能电池发展趋势选用新型低成本太阳能电池。选用的太阳能电池的输出电压应比蓄电池的额定电压高 20％～30％，以保证蓄电池正常充电。

2. 太阳能控制器：控制整个系统的工作状态，并对蓄电池起到过充电保护、过放电保护的作用。在温差较大的地方，应具备温度补偿和路灯控制功能。

3. 蓄电池：一般为铅酸电池，小微型系统中也可用镍氢电池、镍镉电池或锂电池。项目应根据临建照明系统整体用电负荷数选用适合容量的蓄电池，蓄电池额定工作电压通常选 12V，容量为日负荷消耗量的 6 倍左右，可根据项目具体使用情况组成电池组。

二、适用范围

该技术适用于施工现场临时照明，如路灯、加工棚照明、办公区廊灯、食堂照明、卫生间照明等。

第九节　太阳能热水应用技术

太阳能热水技术是利用太阳光将水温加热的装置。太阳能热水器分为真空管式太阳能热水器和平板式太阳能热水器，真空管式太阳能热水器占据国内 95％的市场份额。太阳能光热发电比光伏发电的太阳能转化效率较高，它由集热部件（真空管式为真空集热管，平板式为平板集热器）、保温水箱、支架、连接管道、控制部件等组成。

一、技术指标

1. 太阳能热水技术系统由集热器外壳、水箱内胆、水箱外壳、控制器、水泵、内循环系统等组成。常见太阳能热水器安装技术参数见表 1-3。

表 1-3　常见太阳能热水器安装技术参数

产品型号	水箱容积（吨）	集热面积（m^2）	集热管规格（mm）	集热管支数（支）	适用人数（人）
DFJN-1	1	15	$\phi 47 \times 1500$	120	20～25
DFJN-2	2	30	$\phi 47 \times 1500$	240	40～50
DFJN-3	3	45	$\phi 47 \times 1500$	360	60～70
DFJN-4	4	60	$\phi 47 \times 1500$	480	80～90
DFJN-5	5	75	$\phi 47 \times 1500$	600	100～120

产品型号	水箱容积 （吨）	集热面积 （m²）	集热管规格 （mm）	集热管支数 （支）	适用人数 （人）
DFJN-6	6	90	φ47×1500	720	120～140
DFJN-7	7	105	φ47×1500	840	140～160
DFJN-8	8	120	φ47×1500	960	160～180
DFJN-9	9	135	φ47×1500	1080	180～200
DFJN-10	10	150	φ47×1500	1200	200～240
DFJN-15	15	225	φ47×1500	1800	300～360
DFJN-20	20	300	φ47×1500	2400	400～500
DFJN-30	30	450	φ47×1500	3600	600～700
DFJN-40	40	600	φ47×1500	4800	800～900
DFJN-50	50	750	φ47×1500	6000	1000～1100

特别说明：因每人每次洗浴用水量不同，以上所标适用人数为参考洗浴人数，请购买时根据实际情况选择合适的型号安装。

2. 太阳能集热器相对储水箱的位置应使循环管路尽可能短；集热器面向正南或正南偏西5°，条件不允许时可调整至正南±30°；平板型、竖插式真空管太阳能集热器安装倾角需根据工程所在地区纬度调整，一般情况安装角度等于当地纬度或当地纬度±10°；集热器应避免遮光物或前排集热器的遮挡，应尽量避免反射光对附近建筑物引起光污染。

3. 采购的太阳能热水器的热性能、耐压、电气强度、外观等检测项目，应依据《家用太阳能热水系统技术条件》（GB/T 19141）标准要求确定。

4. 宜选用合理先进的控制系统，控制主机启停、水箱补水、用户用水等，另外，系统用水箱和管道需做好保温防冻措施。

二、适用范围

该技术适用于太阳能丰富的地区，适用于施工现场办公、生活区临时热水供应。

第十节　空气能热水技术

空气能热水技术是运用热泵工作原理，吸收空气中的低能热量，经过中间介质的热交换，冷媒蒸汽被压缩成高温气体，通过管道循环系统对水加热的技术。空气能热水器是采用制冷原理从空气中吸收热量来加热水的"热量搬运"装置，把一种沸点为零下十几度的制冷剂通到交换机中，制冷剂通过蒸发由液态变成气态，从空气中吸收热量，再经过压缩机加压做功，制冷剂的温度就能骤升至80～120℃。空气能热水器具有高效节能的特点，是常规电热水器热效率的380％～600％，加热相同的水量，比电辅助太阳能热水器利用能效高，耗电只有电热水器的 1/4。

一、技术指标

1. 空气能热水器利用空气能，不需要阳光，因此放在室内或室外均可，温度在零摄氏度以上，就可以 24 小时全天候承压运行；部分空气能（源）热泵热水器参数见表 1-4。

表 1-4 部分空气能（源）热泵热水器参数

机组型号	2P	3P		5P	10P
额定制热量（kW）	6.79	8.87	8.87	14.97	30
额定输入功率（kW）	1.96	2.88	2.83	4.67	9.34
最大输入功率（kW）	2.5	3.6	3.8	6.4	12.8
额定电流（A）	9.1	14.4	5.1	8.4	16.8
最大输入电流（A）	11.4	16.2	7.1	12	20
电源电压（V）	220		380		
最高出水温度（℃）	60				
额定出水温度（℃）	55				
额定使用水压（MPa）	0.7				
热水循环水量（m³/h）	3.6	7.8	7.8	11.4	19.2
循环泵扬程（m）	3.5	5	5	5	7.5
水泵输出功率（W）	40	100	100	125	250
产水量（L/h，20~55℃）	150	300	300	400	800
COP 值	2~5.5				
水管接头规格	DN20	DN25	DN25	DN25	DN32
环境温度要求	−5~40℃				
运行噪声［dB（A）］	≤50	≤55	≤55	≤60	≤60
选配热水箱容积（T）	1~1.5	2~2.5	2~2.5	3~4	5~8

2. 工程现场使用空气能热水器时，空气能热泵机组应尽可能布置在室外，进风和排风应通畅，避免造成气流短路。机组间的距离应保持在 2m 以上，机组与主体建筑或临建墙体（封闭遮挡类墙面或构件）间的距离应保持在 3m 以上；另外，为避免排风短路，在机组上部不应设置挡雨棚之类的遮挡物；如果机组必须布置在室内，应采取提高风机静压的办法，接风管将排风排至室外。

3. 宜选用合理先进的控制系统，控制主机启停、水箱补水、用户用水，以及其他辅助热源切入与退出，系统用水箱和管道需做好保温防冻措施。

二、适用范围

该技术适用于施工现场办公、生活区临时热水供应。

第十一节　绿色施工在线监测评价技术

绿色施工在线监测及量化评价技术是根据绿色施工评价标准，通过在施工现场安装智能仪表并借助 GPRS 通信和计算机软件技术，随时随地以数字化的方式对施工现场的能耗、水耗、施工噪声、施工扬尘、大型施工设备安全运行状况等各项绿色施工指标数据进行实时监测、记录、统计、分析、评价和预警的监测系统和评价体系。

绿色施工涉及管理、技术、材料、工艺、装备等多个方面。根据绿色施工现场的特点以及施工流程，在确保施工各项目都能得到监测的前提下，绿色施工监测内容应尽可能全面，用最小的成本获得最大限度的绿色施工数据，绿色施工在线监测对象内容应包括但不限于图 1-1 所示内容。

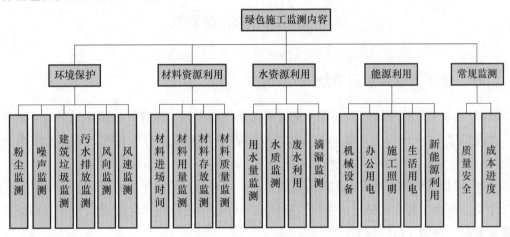

图 1-1　绿色施工在线监测对象内容

监测及量化评价系统构成以传感器为监测基础，以无线数据传输技术为通信手段，包括现场监测子系统、数据中心和数据分析处理子系统。现场监测子系统由分布在各个监测点的智能传感器和 HCC 可编程通信处理器组成监测节点，利用无线通信方式进行数据的转发和传输，达到实时监测施工用电、用水、施工产生的噪声和粉尘、风速风向等数据。数据中心负责接收数据的接收和初步处理、存储，数据分析处理子系统则将初步处理的数据进行量化评价和预警，并依据授权发布处理数据。

一、技术指标

1. 绿色施工在线监测评价技术内容包括数据记录、分析及量化评价和预警。

2. 应符合《建筑施工场界环境噪声排放标准》（GB 12523）、《污水综合排放标准》（GB 8978）、《生活饮用水卫生标准》（GB 5749）；建筑垃圾产生量应不高于 $350t/万\ m^2$。施工现场扬尘监测主要为 $PM_{2.5}$、PM_{10} 的控制监测，PM_{10} 不超过所在区域的 120%。

3. 受风力影响较大的施工工序场地、机械设备（如塔式起重机）处风向、风速监测仪安装率宜达到100%。

4. 现场施工照明和办公区需安装高效节能灯具（如LED灯）和声光智能开关，安装覆盖率宜达到100%。

5. 对于危险性较大的施工工序，远程监控安装率宜达到100%。

6. 材料进场时间、用量、验收情况实时录入监测系统，保证远程实时接收监测结果。

二、适用范围

该技术适用于规模较大及科技、质量示范类项目的施工现场。

第十二节　防渗漏专篇

一、地下室底板渗漏防治

1. 地下室底板渗漏防治：地下室底板在条件许可时，应设计外防水层。地下水应降至基坑底500mm以下，如不符合要求，应在垫层下设置盲沟排水，确保垫层面无明水。

2. 根据基坑环境条件，选择适宜施工的防水材料。基面干净、平整、干燥时可选择聚氨酯防水涂料或自粘防水卷材。基面潮湿可选择湿铺防水卷材或高分子自粘胶膜防水卷材（预铺反粘法施工）。

3. 防水卷材要确保搭接宽度符合规范要求（80～100mm），施工涂料防水层时要确保涂层厚度满足设计要求；在转角处、施工缝等部位，卷材要铺贴宽度不小于500mm的加强层，涂料要增加宽度不小于500mm的胎体增强材料和涂料。

4. 浇筑底板混凝土前，清理干净基面杂物和积水，基面不得有明水。

5. 当承台底板为大体积混凝土时，按大体积混凝土设计配合比，并采取有效测温、控温措施，严控混凝土内外温差。

6. 防水混凝土拌和物在运输后如出现离析现象，必须进行二次搅拌；当坍落度损失后不能满足施工要求时，应加入原水胶比的水泥浆或掺加同品种的减水剂进行搅拌，严禁直接加水。

二、地下室后浇带渗漏防治

1. 后浇带混凝土采用补偿收缩混凝土，强度提高一级，确保养护时间不少于28d。

2. 混凝土浇筑前，应彻底清除后浇带底部杂物和浮浆，排除干净积水。

3. 后浇带两侧有差异沉降时，应该沉降稳定后再浇筑后浇带混凝土。

4. 顶板后浇带混凝土施工后，应减少裸露时间，尽快完成防水层、上部构造层和覆土层，降低结构温度变形和开裂风险。

三、地下室外墙渗漏防治

1. 地下室外墙在保证配筋率的情况下，水平筋应尽量采用小直径、小间距的配筋方式，侧墙严格按 30～40m 设置一道后浇带，后浇带宽度宜为 700～1000mm。

2. 优化混凝土配合比，控制砂、石的含泥量，石子宜用 10～30mm 连续级配的碎石，砂宜用细度模数 2.6～2.8 的中粗砂，控制混凝土坍落度，宜为 130～150mm。

3. 固定模板用的螺栓采用止水螺栓，拆模后对螺杆孔用防水砂浆补实。

4. 地下室外墙防水应设在迎水面，做柔性防水层，以适应侧墙的变形和裂缝。

5. 地下室外墙外侧的钢筋混凝土保护层厚度一般较大，容易产生干缩裂缝导致外墙渗水，设计可考虑在外墙外侧增设一道 $\phi4@150$ 的钢筋网片。

6. 止水钢板应加工成"〔"状，接头应采用搭接焊接，搭接长度应大于或等于 50mm。

7. 穿墙套管应加焊止水环或环绕遇水膨胀止水圈，并做好防腐处理；套管与止水环及翼环应连续满焊，并做好防腐处理；穿墙管与套管之间应用密封材料和橡胶密封圈进行密封处理，并采用法兰盘及螺栓进行固定；相邻穿墙管间的间距应大于 300mm。

8. 外墙防水聚苯板保护层应黏结牢固，覆盖到位，安装高度要高于回填完成面 1～2m。

四、地下室顶板渗漏防治

1. 顶板混凝土强度未达到设计值时，不应过早作为施工场地，堆载不应过重。

2. 顶板后浇带混凝土浇筑后，应及时施工防水层及上部构造层加以保护。

3. 种植顶板增加一道与其下层普通防水层材性相容的耐根穿刺防水层。

4. 防水层施工前和施工后，分别对结构基层和防水层做 24h（种植顶板 48h）蓄水试验，每层均不渗漏后再进行下一道工序。

5. 防水涂料施工前，基面应修补平顺，确保基面干净、干燥后再施工，施工时应确保涂层厚度符合设计及规范要求。

6. 防水卷材施工前，湿铺卷材基面层应干净无明水，自粘卷材基面应平顺、干燥、干净。施工时应确保搭接宽度符合要求，粘贴牢固、密实、无气泡。

7. 转角处、管道穿板处、雨水口等细部采取防水加强措施，与墙、柱交接处，防水层上翻至地面以上不少于 500mm。

8. 防水层施工后应及时施工保护层及上部构造层，防水层损伤要及时修补。

9. 地下室顶板加载部位（临时道路、堆场等）必须经计算核算，提前做好深化设计，考虑增加配筋、支撑等方式进行加固。

第十三节　地基基础工程

一、一般规定

1. 地基基础工程施工前，必须具备完备的地质勘查资料及工程附近管线、建筑物、构筑物和其他公共设施的构造情况，必要时应做施工勘查以确保工程质量及临近建筑的安全。施工勘查要点详见《建筑地基基础工程施工质量验收标准》（GB 50202—2018）

2. 施工过程中出现异常情况时，应停止施工，由监理或建设单位组织勘查、设计、施工等有关单位共同分析情况，解决问题，消除质量隐患，并应形成文件资料。

3. 对于灰土地基、砂和砂石地基、土工合成材料地基、粉煤灰地基、强夯地基、注浆地基、预压地基，其竣工后的结果（地基强度或承载力）必须达到设计要求的标准。检验数量，每单位工程不应少于 3 点，$1000 m^2$ 以上工程，每 $100 m^2$ 至少应有 1 点，$3000 m^2$ 以上工程，每 $300 m^2$ 至少应有 1 点。每一独立基础下至少应有 1 点，基槽每 20 延米应有 1 点。

4. 对于水泥土搅拌桩复合地基、高压喷射注浆桩复合地基、砂桩地基、振冲桩复合地基、土和灰土挤密桩复合地基、水泥粉煤灰碎石桩复合地基及夯实水泥土桩复合地基，其承载力检验数量为总数的 0.5%～1%，但不应少于 3 处。有单桩强度检验要求时，数量为总数的 0.5%～1%，但不应少于 3 根。

二、地基工程

1. 预压地基质量检验标准应符合表 1-5 的规定。

表 1-5　预压地基质量检验标准

项	序	检查项目	允许值或允许偏差		检查方法
			单位	数值	
主控项目	1	地基承载力	不小于设计值		静载试验
	2	处理后地基土的强度	不小于设计值		原位测试
	3	变形指标	设计值		原位测试
一般项目	1	预压荷载（真空度）	%	≥−2	高度测量（压力表）
	2	固结度	%	≥−2	原位测试（与设计要求比）
	3	沉降速率	%	±10	水准测量（与控制值比）
	4	水平位移	%	±10	用测斜仪、全站仪测量
	5	竖向排水体位置	mm	≤100	用钢尺量

项	序	检查项目	允许值或允许偏差		检查方法
			单位	数值	
一般项目	6	竖向排水体插入深度	mm	$+200 \atop 0$	经纬仪测量
	7	插入塑料排水带时的回带长度	mm	≤500	用钢尺量
	8	竖向排水体高出砂垫层距离	mm	≥100	用钢尺量
	9	插入塑料排水带的回带根数	%	<5	统计
	10	砂垫层材料的含泥量	%	≤5	水洗法

2. 高压喷射注浆复合地基质量检验标准应符合表 1-6 的规定。

表 1-6　高压喷射注浆复合地基质量检验标准

项	序	检查项目	允许值或允许偏差		检查方法
			单位	数值	
主控项目	1	复合地基承载力	不小于设计值		静载试验
	2	单桩承载力	不小于设计值		静载试验
	3	水泥用量	不小于设计值		查看流量表
	4	桩长	不小于设计值		测钻杆长度
	5	桩身强度	不小于设计值		28d 试块强度或钻芯法
一般项目	1	水胶比	设计值		实际用水量与水泥等胶凝材料的重量比
	2	钻孔位置	mm	≤50	用钢尺量
	3	钻孔垂直度	≤1/100		经纬仪测钻杆
	4	桩位	mm	≤0.2D	开挖后桩顶下 500mm 处用钢尺量
	5	桩径	mm	≥−50	用钢尺量
	6	桩顶标高	不小于设计值		水准测量，最上部 500mm 浮浆层及劣质桩体不计入
	7	喷射压力	设计值		检查压力表读数
	8	提升速度	设计值		测机头上升距离及时间
	9	旋转速度	设计值		现场测定
	10	褥垫层夯填度	≤0.9		水准测量

注：D 为设计桩径（mm）。

3. 水泥土搅拌桩地基质量检验标准应符合表 1-7 的规定。

表 1-7　水泥土搅拌桩地基质量检验标准

项	序	检查项目	允许值或允许偏差		检查方法
			单位	数值	
主控项目	1	复合地基承载力	不小于设计值		静载试验
	2	单桩承载力	不小于设计值		静载试验
	3	水泥用量	不小于设计值		查看流量表
	4	搅拌叶回转直径	mm	±20	用钢尺量
	5	桩长	不小于设计值		测钻杆长度
	6	桩身强度	不小于设计值		28d 试块强度或钻芯法
一般项目	1	水胶比	设计值		实际用水量与水泥等胶凝材料的重量比
	2	提升速度	设计值		测机头上升距离及时间
	3	下沉速度	设计值		测机头下沉距离及时间
	4	桩位	条基边桩沿轴线	≤1/4D	全站仪或用钢尺量
			垂直轴线	≤1/6D	
			其他情况	≤2/5D	
	5	桩顶标高	mm	±200	水准测量，最上部 500mm 浮浆层及劣质桩体不计入
	6	导向架垂直度	≤1/150		经纬仪测量
	7	褥垫层夯填度	≤0.9		水准测量

注：D 为设计桩径（mm）。

三、桩基础

1. 打（压）入桩（预制混凝土方桩、先张法预应力管桩、钢桩）的桩位偏差，必须符合表 1-8 的规定。斜桩倾斜度的偏差不得大于倾斜角正切值的 15%（倾斜角系桩的纵向中心线与铅垂线间夹角）。

表 1-8　预制桩（钢桩）的桩位允许偏差

序	检查项目		允许偏差（mm）
1	带有基础梁的桩	垂直基础梁的中心线	≤100+0.01H
		沿基础梁的中心线	≤150+0.01H
2	承台桩	桩数为 1 根～3 根桩基中的桩	≤100+0.01H
		桩数大于或等于 4 根桩基中的桩	≤1/2 桩径+0.01H 或 1/2 边长+0.01H

注：H 为桩基施工面至设计桩顶的距离（mm）。

2. 灌注桩的桩位偏差必须符合表 1-9 的规定，桩顶标高至少要比设计标高高出 0.5m，桩底清孔质量按不同的成桩工艺有不同的要求，应按本章的各节要求执行。每浇筑 50m³ 必须有 1 组试件，小于 50m³ 的桩，每根桩必须有 1 组试件。

表 1-9 灌注桩的桩径、垂直度及桩位的允许偏差（mm）

序	成孔方法		桩径允许偏差（mm）	垂直度允许偏差	桩位允许偏差（mm）
1	泥浆护壁钻孔桩	$D<1000mm$	≥ 0	$\leq 1/100$	$\leq 70+0.01H$
		$D\geq 1000mm$			$\leq 100+0.01H$
2	套管成孔灌注桩	$D<500mm$	≥ 0	$\leq 1/100$	$\leq 70+0.01H$
		$D\geq 500mm$			$\leq 100+0.01H$
3	干成孔灌注桩		≥ 0	$\leq 1/100$	$\leq 70+0.01H$
4	人工挖孔桩		≥ 0	$\leq 1/200$	$\leq 50+0.005H$

注：1. H 为桩基施工面至设计桩顶的距离（mm）；

2. D 为设计桩径（mm）。

3. 工程桩应进行承载力检验。对于地基基础设计等级为甲级或地质条件复杂、成桩质量可靠性低的灌注桩，应采用静载荷试验的方法进行检验，检验桩数不应少于总数的 1%，且不应少于 2 根，当总桩数少于 50 根时，不应少于 2 根。

4. 桩身质量应进行检验。对设计等级为甲级或地质条件复杂、成检质量可靠性低的灌注桩，抽检数量不应少于总数的 30%，且不应少于 20 根；其他桩基工作的抽检数量不应少于总数的 20%，且不应少于 10 根；对混凝土预制桩及地下水位以上且终孔后经过核验的灌注桩，检验数量不应少于总桩数的 10%，且不得少于 10 根，每个柱子承台下不得少于 1 根。

第十四节 基础砌体工程

一、砌体结构工程所用的材料应有产品合格证书、产品性能型号检验报告，质量应符合国家现行有关标准的要求。块体、水泥、钢筋、外加剂尚应有材料主要性能的进场复验报告，并应符合设计要求。严禁使用国家明令淘汰的材料。

二、砌体结构工程施工前，应编制砌体结构工程施工方案。

三、伸缩缝、沉降缝、防震缝中的模板应拆除干净，不得夹有砂浆、块体及碎渣等杂物。

四、砌筑顺序应符合下列规定：

1. 基底标高不同时，应从低处砌起，并应由高处向低处搭砌。当设计无要求时，搭接长度 L 不应小于基础底的高差 H，搭接长度范围内下层基础应扩大砌筑（图 1-2）。

2. 砌体的转角处和交接处应同时砌筑，当不能同时砌筑时，应按规定留槎、接槎。

3. 在墙上留置临时施工洞口，其侧边离交接处墙面不应小于 500mm，洞口净宽度不应超过 1m。抗震设防烈度为 9 度，地区建筑物的临时施工洞口位置，应会同设计单位确定，临时施工洞口应做好补砌。

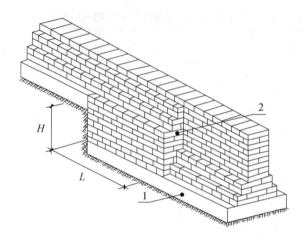

图 1-2 基底标高不同时的搭砌示意图（条形基础）

（1—混凝土垫层；2—基础扩大部分）

五、脚手眼补砌时，应清除脚手眼内掉落的砂浆、灰尘；脚手眼处砖及填塞用砖应湿润，并应填实砂浆。

六、验收砌体结构工程检验批时，其主控项目应全部符合《砌体结构工程施工质量验收规范》（GB 50203—2011）的规定；一般项目应有 80％及以上的抽检处符合此标准的规定。有允许偏差的项目，但最大超差值为允许偏差值的 1.5 倍。

第十五节　砌筑砂浆

一、水泥使用应符合下列规定：

1. 水泥进场时应对其品种、等级、包装或散装仓号、出厂日期等进行检查，并应对其强度、安定性进行复验，其质量必须符合现行国家标准《通用硅酸盐水泥》国家标准第 1 号修改单（GB 175—2007/XG1—2009）的有关规定。

2. 当在使用中对水泥质量有怀疑或水泥出厂超过 3 个月（快硬硅酸盐水泥超过 1 个月）时，应复查试验，并按复验结果使用。

3. 不同品种的水泥，不得混合使用。

4. 抽检数量：按同一生产厂家、同品种、同等级、同批号连续进场的水泥，袋装水泥不超过 200t 为一批，散装水泥不超过 500t 为一批，每批抽样不少于 1 次。

5. 检验方法：检查产品合格证、出厂检验报告和进场复验报告。

二、在砂浆中掺入的砌筑砂浆增塑剂、早强剂、缓凝剂、防冻剂、防水剂等砂浆外加剂，其品种和用量应经有资质的检测单位检验和试配确定。试配符合要求后，方可使用。有机塑化剂应有砌体强度的型式检验报告，严禁掺入石灰。所用外加剂的技术性能应符合《砌筑砂浆增塑剂》（JG/T 164—2004）、《混凝土外加剂》（GB 8076—2008）、《砂浆、混凝土防水剂》（JC/T 474—2008）的质量要求。

三、砌筑砂浆应采用机械搅拌，自投完料算起，搅拌时间应符合下列规定：

1. 水泥砂浆和水泥混合砂浆不得小于 2min。

2. 水泥粉煤灰砂浆和掺用外加剂的砂浆不得少于 3min。

3. 掺用有机塑化剂的砂浆，应为 3~5min。

四、砂浆应随拌随用，水泥砂浆和水泥混合砂浆应分别在 3h 和 4h 内使用完毕；当施工期间最高气温超过 30℃时，应分别在拌成后 2h 和 3h 内使用完毕。

注：对掺用缓凝剂的砂浆，其使用时间可根据具体情况延长。

五、在验收砌筑砂浆试块强度时，其强度合格标准应符合下列规定：

1. 同一验收批砂浆试块强度平均值应大于或等于设计强度等级值的 1.10 倍。

2. 同一验收批砂浆试块抗压强度的最小一组平均值应大于或等于设计强度等级值的 85%。

注：砌筑砂浆的验收批，同一类型、同一强度等级的砂浆试块不应少于 3 组；同一验收批砂浆只有 1 组或 2 组试块时，每组试块抗压强度平均值应大于或等于设计强度等级值的 1.10 倍；对于建筑结构的安全等级为一级或设计使用年限为 50 年及以上的房屋，同一验收批砂浆试块的数量不得少于 3 组。

3. 砂浆强度应按标准养护，以 28d 龄期的试块抗压强度为准。

4. 制作砂浆试块的砂浆稠度应与配合比设计一致。

5. 抽检数量：每一检验批且不超过 250m³ 砌体的各类、各强度等级的普通砌筑砂浆，每台搅拌机应至少抽检一次。验收批的预拌砂浆、蒸压加气混凝土砌块专用砂浆，抽检可为 3 组。

6. 检验方法：在砂浆搅拌机出料口或在湿拌砂浆的储存容器出料口随机取样制作砂浆试块（现场拌制的砂浆，同盘砂浆只应做 1 组试块），试块标准养护 28d 后做强度试验。预拌砂浆中的湿拌砂浆稠度应在进场时取样检验。

第十六节　地下防水工程

一、防水工程

1. 地下防水工程必须由持有资质等级证书的防水专业队伍进行施工，主要施工人员应持有省级及以上建设行政主管部门或其指定单位颁发的执业资格证书或防水专业岗位证书。

2. 地下防水工程施工前，应通过图纸会审，掌握结构主体及细部构造的防水要求，施工单位应编制《防水工程专项施工方案》，经监理单位或建设单位审查批准后执行。

3. 防水材料必须经具备相应资质的检测单位进行抽样检验，并出具产品性能检测报告。

4. 地下防水工程的施工，应建立各道工序的自检、交接检和专职人员检查的制度，并有完整的检查记录。工程隐蔽前，应由施工单位通知有关单位进行验收，并形成隐蔽工程验收记录。未经监理单位或建设单位代表对上道工序进行检查确认，不得进行下一道工序的施工。

5. 地下防水工程施工期间，必须保持地下水位稳定在工程底部最低高程 500mm 以下，必要时应采取降水措施。对采用明沟排水的基坑，应保持基坑干燥。

二、防水混凝土

1. 防水混凝土的原材料、配合比及坍落度必须符合设计要求。

检验方法：检查产品合格证，包括产品性能检测报告、计量措施和材料进场检验报告。

2. 防水混凝土的抗压强度和抗渗性能必须符合设计要求。

检验方法：检查混凝土抗压强度、抗渗性能检验报告。

3. 防水混凝土结构的施工缝、变形缝、后浇带、穿墙管、埋设等设置和构造必须符合设计要求。

检验方法：观察检查和检查隐蔽工程验收记录。

4. 防水混凝土结构表面应坚实、平整，不得有露筋、蜂窝等缺陷；埋设件位置应准确。

检验方法：观察。

5. 防水混凝土结构表面的裂缝宽度不应大于 0.2mm，且不得贯通。

检验方法：用刻度放大镜检查。

三、水泥砂浆防水层

1. 水泥砂浆防水层的基层质量应符合下列规定：

（1）基层表面应平整、坚实、清洁，并应充分湿润、无明水。

（2）基层表面的孔洞、缝隙，应采用与防水层相同的水泥砂浆堵塞并抹平。

（3）施工前应将埋设件、穿墙管预留凹槽内嵌填密封材料后，再进行水泥砂浆防水层施工。

2. 水泥砂浆防水层施工应符合下列规定：

（1）水泥砂浆的配制，应按所掺材料的技术要求准确计量。

（2）分层铺抹或喷涂，铺抹时应压实、抹平，最后一层表面应提浆压光。

（3）防水层各层应紧密黏合，每层宜连续施工。必须留设施工缝时，应采用阶梯坡形槎，但与阴阳角处的距离不得小于 200mm。

（4）水泥砂浆终凝后应及时进行养护，养护温度不宜低于 5℃，并应保持砂浆表面湿润，养护时间不得少于 14d。聚合物水泥防水砂浆未达到硬化状态时，不得浇水养护或直接受雨水冲刷，硬化后应采用干湿交替的养护方法。潮湿环境中，可在自然条件下养护。

3. 防水砂浆的原材料及配合比必须符合设计规定。

检验方法：检查产品合格证、产品性能检测报告、计量措施和材料进场检验报告。

4. 防水砂浆的黏结强度和抗渗性能必须符合设计规定。

检验方法：检查砂浆黏结强度和抗渗性能检验报告。

5. 水泥砂浆防水层与基层之间应结合牢固，无空鼓现象。

检验方法：观察和用小锤轻击检查。

四、卷材防水层

1. 卷材防水层应采用高聚物改性沥青类防水卷材和合成高分子类防水卷材。所选用的基层处理剂、胶黏剂、密封材料等均应与铺贴的卷材相匹配。

2. 铺贴防水卷材前，基面应干净、干燥，并应涂刷基层处理剂。当基面潮湿时，应涂刷潮湿固化型胶黏剂或潮湿界面隔离剂。

3. 基层阴阳角应做成圆弧或45°坡角，其尺寸应根据卷材品种来确定。在转角处、变形缝、施工缝、穿墙管等部位应铺贴卷材加强层，加强层宽度不应小于500mm。

4. 冷黏法铺贴卷材应符合下列规定：

（1）胶黏剂应涂刷均匀，不得露底、堆积。

（2）根据胶黏剂的性能，应控制胶黏剂涂刷与卷材铺贴的间隔时间。

（3）铺贴时不得用力拉伸卷材，排除卷材下面的空气，辊压黏贴牢固。

（4）铺贴卷材应平整、顺直，搭接尺寸准确，不得扭曲、皱折。

（5）卷材接缝部位应采用专用胶黏剂或胶黏带满黏，接缝口应用密封材料封严，其宽度不应小于10mm。

5. 热熔法铺贴卷材应符合下列规定：

（1）火焰加热器加热卷材应均匀，不得加热不足或烧穿卷材。

（2）卷材表面热熔后应立即滚铺，排除卷材下面的空气，并粘贴牢固。

（3）铺贴卷材应平整、顺直，搭接尺寸准确，不得扭曲、褶皱。

（4）卷材接缝部位应溢出热熔的改性沥青胶料，并粘贴牢固，封闭严密。

6. 自黏法铺贴卷材应符合下列规定：

（1）铺贴卷材时，应将有黏性的一面朝向主体结构。

（2）外墙、顶板铺贴时，排除卷材下面的空气，辊压粘贴牢固。

（3）铺贴卷材应平整、顺直，搭接尺寸准确，不得扭曲、皱折和起泡。

（4）立面卷材铺贴完成后，应将卷材端头固定，并应用密封材料封严。

（5）低温施工时，宜对卷材和基面采用热风适当加热，然后铺贴卷材。

7. 卷材防水层所用卷材及其配套材料必须符合设计要求。

检验方法：检查产品合格证、产品性能检测报告和材料进场检验报告。

8. 卷材防水层在转角处、变形缝、施工缝、穿墙管等部位做法必须符合设计要求。

检验方法：观察和检查隐蔽工程验收记录。

9. 卷材防水层的搭接缝应粘贴或焊接牢固，密封严密，不得有扭曲、折皱、翘边和起泡等缺陷。

检验方法：观察。

10. 采用外防外贴法铺贴卷材防水层时，立面卷材接槎的搭接宽度，高聚物改性沥青类卷材应为150mm，合成高分子类卷材应为100mm，且上层卷材应盖过下层卷材。

五、涂料防水层

1. 涂料防水层适用于受侵蚀性介质作用或受振动作用的地下工程；有机防水涂料宜用于主体结构的迎水面，无机防水涂料宜用于主体结构的迎水面或背水面。

2. 涂料防水层的施工应符合下列规定：

（1）多组分涂料应按配合比准确计量，搅拌均匀，并应根据有效时间确定每次配制的用量。

（2）涂料应分层涂刷或喷涂，涂层应均匀，涂刷应待前遍涂层干燥成膜后进行。每遍涂刷时应交替改变涂层的涂刷方向，同层涂膜的先后搭压宽度宜为30～50mm。

（3）涂料防水层的甩槎处接槎宽度不应小于100mm，接涂前应将其甩槎表面处理干净。

（4）采用有机防水涂料时，基层阴阳角处应做成圆弧；在转角处、变形缝、施工缝、穿墙管等部位应增加胎体增强材料和增涂防水涂料，宽度不应小于500mm。

（5）胎体增强材料的搭接宽度不应小于100mm。上下两层和相邻两幅胎体的接缝应错开1/3幅宽，且上下两层胎体不得相互垂直铺贴。

3. 涂料防水层完工并经验收合格后应及时做保护层。保护层应符合《地下防水工程质量验收规范》（GB 50208—2011）第2.3.13条的规定。

4. 涂料防水层所用的材料及配合比必须符合设计要求。

检验方法：检查产品合格证、产品性能检测报告、计量措施和材料进场检验报告。

5. 涂料防水层的平均厚度应符合设计要求，最小厚度不得小于设计厚度的90%。

检验方法：用针测法检查。

6. 涂料防水层在转角处、变形缝、施工缝、穿墙管等部位做法必须符合设计要求。

检验方法：观察和检查隐蔽工程验收记录。

7. 涂料防水层应与基层黏结牢固，涂刷均匀，不得流淌、鼓泡、露槎。

检验方法：观察。

8. 涂层间夹铺胎体增强材料时，应使防水涂料浸透胎体覆盖完全，不得有胎体外露现象。

检验方法：观察。

9. 侧墙涂料防水层的保护层与防水层应结合紧密，保护层厚度应符合设计要求。

检验方法：观察。

第十七节　细部构造

一、施工缝用止水带、遇水膨胀止水条或止水胶、水泥基渗透结晶型防水涂料和预埋注浆管必须符合设计要求。

检验方法：检查产品合格证、产品性能检测报告和材料进场检验报告。

二、施工缝防水构造必须符合设计要求。

检验方法：观察和检查隐蔽工程验收记录。

三、墙体水平施工缝应留设在高出底板表面不小于300mm的墙体上。拱、板与墙结合的水平施工缝，宜留在拱、板与墙交接处以下150～300mm处；垂直施工缝应避开地下水和裂隙水较多的地段，并宜与变形缝相结合。

检验方法：观察和检查隐蔽工程验收记录。

四、水平施工缝浇筑混凝土前，应将其表面浮浆和杂物清除，然后铺设净浆、涂刷混凝土界面处理剂或水泥基渗透结晶型防水涂料，再铺30～50mm厚的1∶1水泥砂浆，并及时浇筑混凝土。

检验方法：观察和检查隐蔽工程验收记录。

五、中埋式止水带及外贴式止水带埋设位置应准确，固定应牢靠。

检验方法：观察和检查隐蔽工程验收记录。

六、遇水膨胀止水条应具有缓膨胀性能。止水条与施工缝基面应密贴，中间不得有空鼓、脱离等现象，应牢固地安装在缝表面或预留凹槽内，止水条采用搭接连接时，搭接宽度不得小于30mm。

检验方法：观察和检查隐蔽工程验收记录。

七、变形缝用止水带、填缝材料和密封材料必须符合设计要求。

检验方法：检查产品合格证、产品性能检测报告和材料进场检验报告。

八、中埋式止水带埋设位置应准确，其中间空心圆环与变形缝的中心线应重合。

检验方法：观察和检查隐蔽工程验收记录。

九、中埋式止水带的接缝应设在边墙较高位置上，不得设在结构转角处；接头宜采用热压焊接，接缝应平整、牢固，不得有裂口和脱胶现象。

检验方法：观察和检查隐蔽工程验收记录。

十、中埋式止水带在转弯处应做成圆弧形，顶板、底板内止水带应安装成盆状，并宜采用专用钢筋套或扁钢固定。

检验方法：观察和检查隐蔽工程验收记录。

十一、嵌填密封材料的缝内两侧基面应平整、洁净、干燥，并应涂刷基层处理剂；嵌缝底部应设置背衬材料；密封材料嵌填应严密、连续、饱满，黏结牢固。

检验方法：观察和检查隐蔽工程验收记录。

十二、变形缝处表面黏贴卷材或涂刷涂料前，应在缝上设置隔离层和加强层。

检验方法：观察和检查隐蔽工程验收记录。

十三、补偿收缩混凝土的原材料及配合比必须符合设计要求。

检验方法：检查产品合格证、产品性能检测报告、计量措施和材料进场检验报告。

十四、后浇带防水构造必须符合设计要求。

检验方法：观察和检查隐蔽工程验收记录。

十五、采用掺膨胀剂的补偿收缩混凝土，其抗压强度、抗渗性能和限制膨胀率必须符合设计要求。

检验方法：检查混凝土抗压强度、抗渗性能和水中养护 14d 后的限制膨胀率检验报告。

十六、后浇带混凝土应一次浇筑，不得留设施工缝。混凝土浇筑后应及时养护，养护时间不得少于 28d。

检验方法：观察和检查隐蔽工程验收记录。

十七、穿墙管用遇水膨胀止水条和密封材料必须符合设计要求。

检验方法：检查产品合格证、产品性能检测报告和材料进场检验报告。

十八、穿墙管防水构造必须符合设计要求。

检验方法：观察和检查隐蔽工程验收记录。

十九、固定式穿墙管应加焊止水环或环绕遇水膨胀止水圈，并做好防腐处理。穿墙管应在主体结构迎水面预留凹槽，槽内应用密封材料嵌填密实。

检验方法：观察和检查隐蔽工程验收记录。

二十、桩头用聚合物水泥防水砂浆、水泥基渗透结晶型防水涂料、遇水膨胀止水条或止水胶和密封材料必须符合设计要求。

检验方法：检查产品合格证、产品性能检测报告和材料进场检验报告。

二十一、桩头混凝土应密实，如发现渗漏水应及时采取封堵措施。

检验方法：观察和检查隐蔽工程验收记录。

二十二、桩头顶面和侧面裸露处应涂刷水泥基渗透结晶型防水涂料，并延伸到结构底板垫层 150mm 处。桩头四周 300mm 范围内应抹聚合物水泥防水砂浆过渡层。

检验方法：观察和检查隐蔽工程验收记录。

二十三、结构底板防水层应做在聚合物水泥防水砂浆过渡层上并延伸至桩头侧壁，其与桩头侧壁接缝处应采用密封材料嵌填。

　　检验方法：观察和检查隐蔽工程验收记录。

　　二十四、孔口用防水卷材、防水涂料和密封材料必须符合设计要求。

　　检验方法：检查产品合格证、产品性能检测报告、材料进场检验报告。

　　二十五、孔口防水构造必须符合设计要求。

　　检验方法：观察和检查隐蔽工程验收记录。

　　二十六、人员出入口高出地面不应小于 500mm。汽车出入口设置明沟排水时，其高出地面宜为 150mm，并应采取防雨措施。

　　检验方法：观察和用尺量检查。

　　二十七、窗井内的底板应低于窗下缘 300mm。窗井墙高出室外地面不得小于 500mm，窗井外地面应做散水，散水与墙面间应采用密封材料嵌填。

　　检验方法：观察和用尺量检查。

第二章 乡村上部结构工程

第一节 砖砌体工程

一、砌筑砖砌体时，混凝土多孔砖、混凝土实心砖、蒸压灰砂砖、蒸压粉煤灰砖等块体的产品龄期不应小于 28d。

二、砌筑砖砌体时，砖应提前 1～2d 浇水湿润。

三、砌砖工程当采用铺浆法砌筑时，铺浆长度不得超过 750mm；施工期间气温超过 30℃时，铺浆长度不得超过 500mm。

四、240mm 厚承重墙的每层墙的最上一皮砖，砖砌体的阶台水平面上及挑出层的外皮砖，应整砖丁砌。

五、砖过梁底部的模板及其支架拆除时，灰缝砂浆强度不应低于设计强度的 75％。

六、施工时施砌的蒸压（养）砖的产品龄期不应少于 28d。

七、竖向灰缝不应出现瞎缝、透明缝和假缝。

八、砖和砂浆

1. 砖和砂浆的强度等级必须符合设计要求。

抽检数量：每一生产厂家，烧结普通砖、混凝土实心砖每 15 万块，烧结多孔砖、混凝土多孔砖、蒸压灰砂砖及蒸压粉煤灰砖每 10 万块各为一验收批，不足上述数量时按一批计，抽检数量为 1 组。砂浆试块的抽检数量执行《砌体结构工程施工质量验收规范》（GB 50203—2011）第 4.0.12 条的有关规定。

检验方法：检查砖和砂浆试块试验报告。

2. 砖砌体的转角处和交接处应同时砌筑，严禁无可靠措施的内外墙分砌施工。在抗震设防烈度为 8 度及以上地区，对不能同时砌筑而又必须留置的临时间断处应砌成斜槎，普通砖砌体斜槎水平投影长度不应小于高度的 2/3，多孔砖砌体的斜槎长高比不应小于 1/2。斜槎高度不得超过一步脚手架的高度。

抽检数量：每检验批抽查不应少于 5 处。

检验方法：观察。

3. 砖砌体尺寸、位置的允许偏差及检验应符合表 2-1 的规定。

4. 小型砌块

（1）施工采用的小砌块的产品龄期不应小于 28d。

表 2-1 砖砌体尺寸、位置的允许偏差及检验

项次	项目			允许偏差 (mm)	检验方法	抽查数量
1	轴线位移			10	用经纬仪和尺或用其他测量仪器检查	承重墙、柱全数检查
2	基础、墙、柱顶面标高			±15	用水准仪和尺检查	不应少于 5 处
3	墙面垂直度	每层		5	用 2m 托线板检查	不应少于 5 处
		全高	≤10m	10	用经纬仪、吊线和尺或用其他测量仪器检查	外墙全部阳角
			>10m	20		
4	表面平整度	清水墙、柱		5	用 2m 靠尺和楔形塞尺检查	不应少于 5 处
		混水墙、柱		8		
5	水平灰缝平直度	清水墙		7	拉 5m 线和尺检查	不应少于 5 处
		混水墙		10		
6	门窗洞口高、宽(后塞口)			±10	用尺检查	不应少于 5 处
7	外墙上下窗口偏移			20	以底层窗口为准,用经纬仪或吊线检查	不应少于 5 处
8	清水墙游丁走缝			20	以每层第一皮砖为准,用吊线和尺检查	不应少于 5 处

（2）底层室内地面以下或防潮层以下的砌体，应采用强度等级不低于 C20（或 Cb20）的混凝土灌实小砌块的孔洞。

（3）承重墙体使用的小砌块应完整、无破损、无裂缝。

（4）小砌块应将生产时的底面朝上反砌于墙上。

（5）小砌块和芯柱混凝土、砌筑砂浆的强度等级必须符合设计要求。

抽检数量：每一生产厂家，每 1 万块小砌块为一验收批，不足 1 万块按一批计，抽检数量为 1 组；用于多层以上建筑的基础和底层的小砌块抽检数量不应少于 2 组。砂浆试块的抽检数量应执行《砌体结构工程施工质量验收规范》（GB 50203—2011）第 4.0.12 条的有关规定。

检验方法：检查小砌块和芯柱混凝土、砌筑砂浆试块试验报告。

（6）墙体转角处和纵横交接处应同时砌筑。临时间断处应砌成斜槎，斜槎水平投影长度不应小于斜槎高度。施工洞口可预留直槎，但在洞口砌筑和补砌时，应在直槎上下搭砌的小砌块孔洞内用强度等级不低于 C20（或 Cb20）的混凝土灌实。

抽检数量：每检验批抽查不应少于 5 处。

检验方法：观察。

5. 填充墙砌体工程

（1）砌筑填充墙时，轻骨料混凝土小型空心砌块和蒸压加气混凝土砌块的产品龄期不应少于 28d，蒸压加气混凝土砌块的含水率宜小于 30%。

（2）填充墙砌体砌筑前块材应提前 2d 浇水湿润。蒸压加气混凝土砌块砌筑时，应向砌筑面适量浇水。

（3）采用普通砌筑砂浆砌筑填充墙时，烧结空心砖、吸水率较大的轻骨料混凝土小型空心砌块应提前1～2d浇（喷）水湿润。蒸压加气混凝土砌块采用蒸压加气混凝土砌块砌筑砂浆或普通砂浆砌筑时，应在砌筑当天对砌块砌筑面喷水湿润。块体湿润程度宜符合下列规定：

①烧结空心砖的相对含水率为60%～70%。

②吸水率较大的轻骨料混凝土小型空心砌块、蒸压加气混凝土砌块的相对含水率为40%～50%。

（4）在厨房、卫生间、浴室等处采用轻骨料混凝土小型空心砌块、蒸压加气混凝土砌块砌筑墙体时，墙底部宜现浇混凝土坎台，其高度宜为150mm。

（5）填充墙与承重墙、柱、梁的连接钢筋，当采用化学植筋的连接方式时，应进行实体检测。锚固钢筋拉拔试验的轴向受拉非破坏承载力检验值应为6.0kN。抽检钢筋在检验值作用下应基材无裂缝、钢筋无滑移宏观裂损现象；持荷2min期间荷载值降低不大于5%。检验批验收可按《砌体结构工程施工质量验收规范》（GB 50203—2011）表B.0.1通过正常检验一次，两次抽样判定。填充墙砌体植筋锚固力检测记录可按《砌体结构工程施工质量验收规范》（GB 50203—2011）表C.0.1填写。

抽检数量：按表2-2确定。

检验方法：原位试验检查。

表2-2　检验批抽检锚固钢筋样本最小容量

检查批的容量	样本最小容量	检查批的容量	样本最小容量
≤90	5	281～500	20
91～150	8	501～1200	32
151～280	13	1201～3200	50

（6）填充墙砌体尺寸、位置的允许偏差及检验方法应符合表2-3的规定。

表2-3　填充墙砌体尺寸、位置的允许偏差及检验方法

项次	项目		允许偏差（mm）	检验方法
1	轴线位移		10	用尺检查
2	垂直度（每层）	≤3m	5	用2m托线板或吊线、用尺检查
		>3m	10	
3	表面平整度		8	用2m靠尺和楔形尺检查
4	门窗洞口高、宽（后塞口）		±10	用尺检查
5	外墙上、下窗口偏移		20	用经纬仪或吊线检查

抽检数量：

①对表中1、2项，在检验批的标准间中随机抽查10%，但不应少于3间；大面积房间和楼道按两个轴线或每10延长米按一标准间计数。每间检验不应少于3处。

②对表中3、4项，在检验批中抽检10%，且不应少于5处。

（7）填充墙砌体留置的拉结钢筋或网片的位置应与块体皮数相符合。拉结钢筋或网片应置于灰缝中，埋置长度应符合设计要求，竖向位置偏差不应超过一皮高度。

抽检数量：在检验批中抽检 20%，且不应少于 5 处。

检验方法：观察和用尺量检查。

（8）填充墙砌筑时应错缝搭砌，蒸压加气混凝土砌块搭砌长度不应小于砌块长度的 1/3；轻骨料混凝土小型空心砌块搭砌长度不应小于 90mm；竖向通缝不应大于 2 皮。

抽检数量：在检验批的标准间中抽查 10%，且不应少于 3 间。

检查方法：观察和用尺检查。

（9）填充墙砌至接近梁、板底时，应留一定空隙，待填充墙砌筑完并应至少间隔 7d 后，再将其补砌挤紧。

抽检数量：每验收批抽 10% 填充墙片（每两柱间的填充墙为一墙片），且不应少于 3 片墙。

6. 降板吊模移位、胀模防治

（1）模板工程卫生间等降板处，采用 40mm×40mm 角钢或槽钢焊接成型模板，在板筋绑扎完成后安装固定。

（2）高低跨吊模处，严禁使用砖块、木方穿底做临时支撑，应用混凝土垫块，以减小沉箱渗漏隐患。

7. 门窗洞口模板变形、移位防治

（1）模板工程采用定型钢制门窗洞口模板，可保证门、窗洞口的位置及尺寸准确，模板可拼装、易拆除，刚度好、支撑牢、不变形、不移位。

（2）注意洞口模板下要设排气孔，洞口模板两侧均利用双面胶粘贴海绵条，以防止漏浆；浇筑混凝土时从窗两侧同时浇筑，避免窗模偏位。

8. 楼板厚度尺寸偏差超限防治

（1）模板工程非厨房、卫生间、阳台现浇板板厚，采用圆形预制混凝土块，间距 1.8m，呈梅花形布置，混凝土浇筑平仓时作为混凝土上板厚的控制标志。

（2）中心预留 $\phi 10$ 圆孔，然后用扎丝与板筋固定，并在模板上用油漆标记。

（3）墙、柱阴阳角形成下脚烂根、漏浆防治。

（4）模板工程严格按照施工方案安装穿墙螺杆，离地 200mm 设置第一道螺杆，离梁底 200mm 设置一道螺杆，下面三排要用双螺帽。

（5）模板拼缝处要贴海绵条并用木方压实，木方间距 200mm 并符合方案要求。

（6）阳角部位采用端面硬拼，用钢管扣紧，再用木楔挤紧，从而保证阳角方正。

（7）为防止根部漏浆形成烂根，采用砂浆将模板底部进行封闭。

9. 墙柱模板工程

在墙柱模板工程施工过程中，我们会经常看到炸模和倾斜变形的现象，同时还存在墙体厚薄不均、墙根跑浆、墙面凸凹不平、露筋、拆模困难以及墙角模板难以拆除等病害。究其原因，主要表现在以下几个方面：模板事前没有进行排板设计，没有绘制排列图，且相邻的模板没有设置围檩或者间距太大；墙根处没有设置导墙、缝隙过大；木模板不平整，相邻的两块墙模板之间拼接不严密、支撑不牢固，也没有采取对拉螺栓缓解混凝土对这些模板产生的侧压力，从而导致混凝土浇筑过程中出现了炸模病害；混凝土浇筑时，分层太厚，存在着振捣不密实的问题，而且模板因受侧压力太大，造成支撑不足而引起严重的变形；角模和墙模板之间的拼接不严密，导致水泥浆出现了渗漏；拆模间隔时间太长，模板和混凝土之间的黏结力太大；墙面粉刷时没有涂隔离剂，或者涂刷以后被雨水等冲走。

施工时应将墙面模板拼装平整，严格按照质量评定标准进行施工；墙身的中间可用对拉螺栓进行拉紧，而且模板的两侧可用连杆来增强其刚度，以承载混凝土建筑过程中产生的侧压力，避免出现炸模病害。在两片模板间，可根据墙体的厚度选用钢管或者硬塑料作为撑头，这样就能保证墙体各部分的厚度一致。若该墙柱有防水要求，可选用焊接止水片的特殊螺栓；在混凝土浇筑过程中，每一层的厚度都应当控制在允许的范围之内，不易操作过快；在墙根处应当先灌筑一定厚度（15~20cm）的高导墙，作为根部的模板支撑，且在模板的上口用扁钢进行封口。

墙柱钢筋绑扎完成后，用钢钉沿墙、柱定位线固定，或靠在模板定位筋外侧，墙板模板坐落在角铁外侧（铁皮板）或放置在角钢上进行加固。

（1）钢筋移位防治

①钢筋工程测量定位放线偏差控制；混凝土浇筑前，应设置定位筋；钢筋定位筋、垫块规范安装。

②浇筑混凝土前在板面或梁上用油漆标出柱、墙的插筋位置，然后电焊定位箍或水平引筋（针对板墙插筋）固定。

（2）底板混凝土浇筑产生裂缝防治

①混凝土工程优化混凝土配合比、降低混凝土原料温度、混凝土运输车及泵送管道降温措施。

②选用水化热低和凝结时间长的水泥（如矿渣硅酸盐水泥等）。

③采用分层浇筑的方法施工，斜向流动，层层推移，保证第一层混凝土初凝前进行第二层混凝土浇筑，分层浇筑的时间间隔不超过2小时，严格控制施工冷缝。

④混凝土的浇捣间隙时间以上一次混凝土初凝前进行下一次浇捣，以保证无施工缝的存在。混凝土振捣采用振动棒振捣，要做到"快插慢拔"，上下抽动，均匀振捣，插点要均匀排列，插点采用并列式和交错式均可；插点间距为300~400mm，插入到下层尚未初凝的混凝土中50~100mm，振捣时应依次进行，不要跳跃式振捣，以防发生漏振。

⑤底板混凝土浇捣后随即进行保温养护，避免产生温度裂缝，养护时间不少于14d。

（3）钢筋混凝土现浇板裂缝防治

①住宅工程钢筋混凝土现浇板的设计厚度不应小于 120mm，厨房、浴厕、阳台现浇板的设计厚度不应小于 90mm。

②上部结构现浇板混凝土强度等级不宜大于 C30 且不应大于 C35，否则必须采取防止混凝土产生收缩裂缝的设计措施。

③预埋管线不应集中通过现浇楼板，应分散布置，设计中各专业应相互配合，在同一位置管线重叠不得超过两层，交叉布线处应采用线盒，线管的直径应小于楼板厚度的三分之一，且不应超过 50mm。

④后浇带应独立支模，后浇带两侧混凝土的模板及支撑的拆除时间应符合设计文件的要求，设计文件无明确要求时，应待后浇带施工完毕且混凝土强度达到设计强度时方可拆除。

⑤混凝土浇筑应按施工组织设计留置施工缝，不得随意留置。

（4）蜂窝、麻面、气孔、孔洞、表面不平整、错台、裂缝等防治

①混凝土工程浇筑时混凝土的自由倾落高度不宜超过 2m，当超过 2m 时，应采用滑槽、串筒、溜管等辅助器具进行浇筑，若不采取任何措施，则将造成混凝土下落后石子明显分离，导致混凝土离析，出现蜂窝麻面。

②拆模时混凝土强度应达到设计强度的 100%。

③拆模前应进行一组同条件养护试件强度试验，并由监理单位见证试验。

④良好的养护不仅有利于混凝土强度的持续增长，而且可以防止混凝土硬化初期的塑性收缩裂缝。若养护湿度或时间不足，则混凝土表面容易产生收缩裂缝，影响混凝土的外观质量。

（5）反坎渗漏、开裂、成型质量差防治

①混凝土工程反坎部位设置 $\phi8@200$ 构造钢筋。

②应采用可调式三角定位支撑架及设置预制止水混凝土垫块穿过楼板模板进行固定，避免模板偏位。

③卫生间反坎应随主体施工一次浇筑成型，提高混凝土自防水性能，避免卫生间渗漏隐患。

④砌体工程裂缝防治，蒸压加气混凝土砌块等轻质填充墙，当墙长大于 5m 时，应设置间距不大于 3m 的构造柱，且墙顶与梁应有拉结；当墙高超过 4m 时，应于墙体半高处设置高度不小于 120mm 与墙等厚的钢筋混凝土腰梁；砌体无约束端应设置钢筋混凝土构造柱。

⑤砌体的转角处和交接处应同时砌筑，严禁无可靠措施的内外墙分砌施工；砌体灰缝应厚度一致，砂浆饱满，竖向灰缝不得出现透明缝、瞎缝和假缝。

⑥砌体填充墙与钢筋混凝土梁、柱、剪力墙墙肢等两种不同基体交接处，墙面两侧均应采用耐碱网布或热镀锌电焊网（直径≥1.0mm）加强带进行抗裂处理，交接处的总宽度不应小于 500mm。

10. 砖砌围护墙与砼框架柱之间的裂缝

实践中我们常常可以看到，砖墙和混凝土结构之间总是留有一定的垂直或者水平方向上的裂缝。究其原因，主要是二者材料的收缩性能有所不同造成的，施工材料的材质不同，很容易导致粉刷层出现垂直或者水平方向上的收缩裂缝，这将对建筑结构的美观性造成严重的影响。目前来看，这种裂缝一般不会对建筑结构的安全性产生太大的影响，实际上我们还没有找到彻底克服这种病害的有效方法，只能尽可能地采取一些措施进行弥补。

目前我们还没有一种非常有效的方法来真正解决砖砌围护墙与混凝土框架柱之间的裂缝问题，但我们至少可以对此做一些有益的防护措施，具体表现为以下几种方法：第一，砌筑墙体时，一定要将墙体两侧的垂直施工缝灌满砂浆，注意不要留下任何的空隙。顶部水平缝的处理，可在使用了斜砖或者平砖砌筑之后，一定要再次利用砂浆将施工缝隙采取嵌满和嵌实工艺。以上措施是减小裂缝继续扩展的开展的关键性措施，目前来看，除此措施之外，即便采用的是其他的高代价措施可能也是收效甚微；第二，如果实际需要两种不同的材料同时施工于水平与垂直缝接处，那么粉刷之前应当增设40cm宽的钢板网，即两边各20cm左右，这样一来，可以有效地使裂缝减小或者分散开来，从而可以有效地避免因集中而产生的较大收缝裂缝；第三，由于砖砌围护墙与混凝土框架柱之间有裂缝存在，笔者建议可以采用适当的推迟涂料面层施工进度，这样做的目的在于让粉刷层能够有相对较长的一段干燥或者收缩时间。在对涂料面层进行施工过程中，对于可能产生的一些微小裂缝位置，可以黏贴一些薄型的自黏绑带布，这样可以有效地增加墙体的抗裂性。通过以上三种有效措施的实施能够在很大程度上预防或者克服砖砌围护墙与混凝土框架柱之间的开裂问题。

对于预埋件渗漏水等病害，我们认为可以采取以下措施进行防治：施工过程中一定要将预埋件固定牢靠，加强对其周围混凝土材料的振捣，并对预埋件进行有效的保护，尤其是要避免碰撞；施工设计时应当合理地布置所有的预埋件，以保证施工的方便和实施，进而有利于保证该预埋件四周的混凝土浇筑质量。基于此，笔者还建议将预埋件的部位断面适当地做加厚处理，并加强对预埋件尤其是铁件表面进行除锈处理。

第二节　混凝土工程

一、混凝土结构施工现场质量管理应有相应的施工技术标准以及健全的质量管理体系、施工质量控制和质量检验制度。混凝土结构施工项目应有施工组织设计和施工技术方案，并经审查批准。

二、混凝土结构子分部工程可根据结构的施工方法分为两类：现浇混凝土结构子分部工程和装配式混凝土结构子分部工程；根据结构还可分为钢筋混凝土结构子分部工程和预应力混凝土结构子分部工程等。混凝土结构子分部工程可划分为模板、钢筋、预应力、混凝土、现浇结构和装配式结构等分项工程。可根据与施工方式相一致且便于控制施工质量的原则，将工程按工作班、楼层结构、施工缝或施工段划分为若干检验批。

三、对混凝土结构子分部工程的质量验收，应在钢筋、预应力、混凝土、现浇结构或装配式结构等相关分项工程验收合格的基础上，进行质量控制资料检查及观感质量验收，并应对涉及结构安全的材料、试件、施工工艺和结构的重要部位进行见证检测或实体检验。

四、分项工程的质量验收应在所含检验批验收合格的基础上进行质量验收记录检查。

五、检验批的质量验收应包括以下内容：

1. 实物检查按下列方式进行：

（1）对原材料、构配件和器具等产品的进场复验，应按进场的批次和产品的抽样检验方案执行；

（2）对混凝土强度、预制构件结构性能等，应按国家现行有关标准和本规范规定的抽样检验方案执行；

（3）对本规范中采用计数检验的项目，应按抽查总点数的合格点率进行检查。

2. 资料检查，包括原材料、构配件和器具等的产品合格证（中文质量合格证明文件、规格、型号及性能检测报告等）及进场复验报告、施工过程中重要工序的自检和交接检记录、抽样检验报告、见证检测报告、隐蔽工程验收记录等。

六、检验批合格质量应符合下列规定：

1. 主控项目的质量经抽样检验合格；

2. 一般项目的质量经抽样检验合格，当采用计数检验时，除有专门要求外，一般项目的合格点率应达到80％及以上，且不得有严重缺陷；

3. 具有完整的施工操作依据和质量验收记录。

对验收合格的检验批，宜作出合格标志。

七、检验批、分项工程、混凝土结构子分部工程的质量验收可按《混凝土结构工程施工质量验收规范》（GB 50204—2015）附录A记录，质量验收程序和组织应符合国家标准《建筑工程施工质量验收统一标准》（GB 50300—2013）的规定。

八、模板分项工程

1. 模板及其支架应根据工程结构形式、荷载大小、地基土类别、施工设备和材料供应等条件进行设计。模板及其支架应具有足够的承载能力、刚度和稳定性，能可靠地承受浇筑混凝土的质量、侧压力以及施工荷载。

2. 在浇筑混凝土之前，应对模板工程进行验收。模板安装和浇筑混凝土时，应对模板及其支架进行观察和维护。发生异常情况时，应按施工技术方案及时进行处理。

3. 模板及其支架拆除的顺序及安全措施应按施工技术方案执行。

4. 安装现浇结构的上层模板及其支架时，下层楼板应具有承受上层荷载的承载能力，或加设支架；上、下层支架的立柱应对准，并铺设垫板。

检查数量：全数检查。

检验方法：对照模板设计文件和施工技术方案观察。

5. 在涂刷模板隔离剂时，不得沾污钢筋和混凝土接槎处。

检查数量：全数检查。

检验方法：观察。

6. 模板安装应满足下列要求：

（1）模板的接缝不应漏浆，在浇筑混凝土前，木模板应浇水湿润，但模板内不应有积水。

（2）模板与混凝土的接触面应清理干净并涂刷隔离剂，但不得采用影响结构性能或妨碍装饰工程施工的隔离剂。

（3）浇筑混凝土前，模板内的杂物应清理干净。

（4）对清水混凝土工程及装饰混凝土工程，应使用能达到设计效果的模板。

检查数量：全数检查。

检验方法：观察。

7. 用作模板的地坪、胎模等应平整光洁，不得产生影响构件质量的下沉、裂缝、起砂或起鼓。

检查数量：全数检查。

检验方法：观察。

8. 对跨度不小于 4m 的现浇钢筋混凝土梁、板，其模板应按设计要求起拱。当设计无具体要求时，起拱高度宜为跨度的 1/1000～3/1000。

检查数量：在同一检验批内，对梁，应抽查构件数量的 10%，且不少于 3 件；对板，应按有代表性的自然间抽查 10%，且不少于 3 间；对大空间结构，其板可按纵、横轴线划分检查面，抽查 10%，且不少于 3 面。

检验方法：用水准仪或拉线钢尺检查。

9. 固定在模板上的预埋件、预留孔和预留洞均不得遗漏，且应安装牢固，其偏差应符合表 2-4 的规定。

表 2-4　预埋件和预留孔洞的允许偏差表

项目		允许偏差（mm）
预埋板中心线位置		3
预埋管、预留孔中心线位置		3
插筋	中心线位置	5
	外露长度	+10，0
预埋螺栓	中心线位置	2
	外露长度	+10，0
预留洞	中心线位置	10
	尺寸	+10，0

注：检查中心线位置时，应沿纵、横两个方向量测，并取其中的较大值。

检查数量：在同一检验批内，对梁、柱和独立基础，应抽查构件数量的10%，且不少于3件；对墙和板，应按有代表性的自然间抽查10%，且不少于3间；对大空间结构墙可按相邻轴线间高度5m左右划分检查面，其板可按纵、横轴线划分检查面，抽查10%，且均不少于3面。

检验方法：用钢尺检查。

10. 现浇结构模板安装允许的偏差及检验方法应符合表2-5的规定。

检查数量：在同一检验批内，对梁、柱和独立基础，应抽查构件数量的10%，且不少于3件；对墙和板，应按有代表性的自然间抽查10%，且不少于3间；对大空间结构，其墙可按相邻轴线间高度5m左右划分检查面，板可按纵、横轴线划分检查面，抽查10%，且均不少于3面。

表2-5　现浇结构模板安装的允许偏差及检验方法

项目		允许偏差（mm）	检验方法
轴线位置		5	尺量
底模上表面标高		±5	水准仪或拉线、尺量
模板内部尺寸	基础	±10	尺量
	柱、墙、梁	±5	尺量
	楼梯相邻踏步高差	5	尺量
柱、墙垂直度	层高≤6m	8	经纬仪或吊线、尺量
	层高＞6m	10	经纬仪或吊线、尺量
相邻模板表面高差		2	尺量
表面平整度		5	2m靠尺和塞尺量测

注：检查轴线位置当有纵横两个方向时，沿纵、横两个方向量测，并取其中偏差的较大值。

11. 预制构件模板安装的允许偏差及检验方法应符合表2-6的规定。

检查数量：首次使用及大修后的模板应全数检查；使用中的模板应定期检查，并根据使用情况不定期抽查。

表2-6　预制构件模板安装的允许偏差及检验方法

宽度	板、墙板	0，−5	尺量两端及中部，取其中较大值
	梁、薄腹梁、桁架	+2，−5	
高（厚）度	板	+2，−3	尺量两端及中部，取其中较大值
	墙板	0，−5	
	梁、薄腹梁、桁架、柱	+2，−5	
侧向弯曲	梁、板、柱	$L/1000$且≤15	拉线、尺量最大弯曲处
	墙板、薄腹梁、桁架	$L/1500$且≤15	
板的表面平整度		3	2m靠尺和塞尺量测
相邻两板表面高低差		1	尺量

续表

对角线差	板	7	尺量两对角线
	墙板	5	
翘曲	板、墙板	$L/1500$	水平尺在两端量测
设计起拱	薄腹梁、桁架、梁	± 3	拉线、尺量跨中

注：L 为构件长度（mm）。

12. 底模及其支架拆除时的混凝土强度应符合设计要求；当设计无具体要求时，底模拆除时的混凝土强度应符合表 2-7 的规定。

表 2-7　底模拆除时的混凝土强度要求

构件类型	构件跨度（m）	达到设计的混凝土立方体抗压强度标准值的百分率（%）
板	≤2	≥50
	>2，≤8	≥75
	>8	≥100
梁、拱、壳	≤8	≥75
	>8	≥100
悬臂构件	—	≥100

检查数量：全数检查。

检验方法：检查同条件养护试件强度试验报告。

13. 对后张法预应力混凝土结构构件，侧模宜在预应力张拉前拆除；底模支架的拆除应按施工技术方案执行，当无具体要求时，不应在结构构件建立预应力前拆除。

检查数量：全数检查。

检验方法：观察。

14. 后浇带模板的拆除和支顶应按施工技术方案执行。

检查数量：全数检查。

检验方法：观察。

15. 侧模拆除时的混凝土强度应能保证其表面及棱角不受损伤。

检查数量：全数检查。

检验方法：观察。

16. 模板拆除时，不应对楼层形成冲击荷载。拆除的模板和支架宜分散堆放并及时清运。

检查数量：全数检查。

检验方法：观察。

九、钢筋分项工程

1. 当钢筋的品种、级别或规格需作变更时，应办理设计变更文件。

2. 在浇筑混凝土之前，应进行钢筋隐蔽工程验收，其内容包括：

（1）纵向受力钢筋的品种、规格、数量、位置等；

（2）钢筋的连接方式、接头位置、接头数量、接头面积百分率等；

（3）箍筋和横向钢筋的品种、规格、数量、间距等；

（4）预埋件的规格、数量、位置等。

3. 钢筋进场时，应按国家现行相关标准的规定抽取试件做力学性能和重量偏差检验，检验结果必须符合有关标准的规定。

检查数量：按进场的批次和产品的抽样检验方案确定。

检验方法：检查产品合格证、出厂检验报告和进场复验报告。

4. 对有抗震设防要求的结构，其纵向受力钢筋的强度应满足设计要求；当设计无具体要求时，对一、二、三级抗震等级设计的框架和斜撑构件（含梯级）中的纵向受力钢筋应采用 HRB335E、HRB400E、HRB500E、HRBF335E、HRBF400E 或 HRBF500E 钢筋，其强度和最大力下总伸长率的实测值应符合下列规定：

（1）钢筋的抗拉强度实测值与屈服强度实测值的比值不应小于 1.25；

（2）钢筋的屈服强度实测值与强度标准值的比值不应大于 1.30；

（3）钢筋的最大力下总伸长率不应小于 9%。

检查数量：按进场的批次和产品的抽样检验方案确定。

检验方法：检查进场复验报告。

5. 当发现钢筋脆断、焊接性能不良或力学性能显著不正常等现象时，应对该批钢筋进行化学成分检验或其他专项检验。

检验方法：检查化学成分等专项检验报告。

6. 钢筋应平直、无损伤，表面不得有裂纹、油污、颗粒状或片状老锈。

检查数量：进场时和使用前全数检查。

检验方法：观察。

7. 受力钢筋的弯钩和弯折应符合下列规定：

（1）HPB300 级钢筋末端应做 180° 弯钩，其弯弧内直径不应小于钢筋直径的 2.5 倍，弯钩的弯后平直部分长度不应小于钢筋直径的 3 倍；

（2）当设计要求钢筋末端需做 135° 弯钩时，HRB335 级、HRB400 级钢筋的弯弧内直径不应小于钢筋直径的 4 倍，弯钩的弯后平直部分长度应符合设计要求；

（3）钢筋做不大于 90° 的弯折时，弯折处的弯弧内直径不应小于钢筋直径的 5 倍。

检查数量：按每工作班同一类型钢筋、同一加工设备抽查不应少于 3 件。

检验方法：用钢尺检查。

8. 除焊接封闭环式箍筋外，箍筋的末端应做弯钩，弯钩形式应符合设计要求；当设计无具体要求时应符合下列规定：

（1）箍筋弯钩的弯弧内直径除应满足《混凝土结构工程施工质量验收规范》

（GB 50204—2015）第 5.3.1 条的规定外，尚应不小于受力钢筋直径；

（2）箍筋弯钩的弯折角度：对一般结构不应小于 $90°$；对有抗震等要求的结构应为 $135°$；

（3）箍筋弯后平直部分长度：对一般结构不宜小于箍筋直径的 5 倍，对有抗震等要求的结构不应小于箍筋直径的 10 倍。

检查数量：按每工作班同一类型钢筋、同一加工设备抽查不应少于 3 件。

检验方法：用钢尺检查。

9. 钢筋调直后应进行力学性能和质量偏差的检验，其强度应符合有关标准的规定。盘卷钢筋和直条钢筋调直后的断后伸长率与质量负偏差应符合表 2-8 的规定。

表 2-8　盘卷钢筋和直条钢筋调直后的断后伸长率与质量负偏差要求

钢筋牌号	断后伸长率 A（%）	质量负偏差（%）		
		直径 6~12mm	直径 14~20mm	直径 22~50mm
HPB300	≥21	≤10	—	—
HRB335、HBRF335	≥16	≤8	≤6	≤5
HRB400、HBRF400	≥15			
RRB400	≥13			
HRB500、HBRF500	≥14			

注：1）断后伸长率 A 的量测标距为 5 倍钢筋公称直径；

2）质量负偏差（%）按公式 $(W_d-W_o)/W_o×100\%$ 计算，其中 W_o 为钢筋理论质量（kg/m），W_d 为调直后钢筋的实际质量（kg/m）；

3）对直径为 28~40mm 的带肋钢筋，表中断后伸长率可降低 1%；对直径大于 40mm 的带肋钢筋，表中断后伸长率可降低 2%。

采用无延伸功能的机械设备调直的钢筋，可不进行本条规定的检验。

检验数量：同一厂家、同一牌号、同一规格调直钢筋，质量不大于 30t 为一批，每批见证取 3 件试件。

检验方法：3 个试件先进行质量偏差检验，再取其中 2 个试件经时效处理后进行力学性能检验。检验质量偏差时，试件切口应平滑且与长度方向垂直，且长度不应小于 500mm；长度和质量的量测精度分别不应低于 1mm 和 1g。

10. 钢筋宜采用无延伸功能的机械设备进行调直，也可采用冷拉方法调直。当采用冷拉方法调直时，HPB300 光圆钢筋的冷拉率不宜大于 4%；HRB335、HRB400、HRB500、HRBF335、HRBF400、HRBF500 及 RRB400 带肋钢筋的冷拉率不宜大于 1%。

检查数量：每工作班按同一类型钢筋、同一加工设备抽查不应少于 3 件。

检验方法：观察，用钢尺检查。

11. 钢筋加工的形状、尺寸应符合设计要求，其偏差应符合表 2-9 的规定。

检查数量：按每工作班同一类型钢筋、同一加工设备抽查不应少于 3 件。

检验方法：用钢尺检查。

表 2-9 钢筋加工的允许偏差

项 目	允许偏差（mm）
受力钢筋长度方向全长的净尺寸	±10
弯起钢筋的弯折位置	±20
箍筋内净尺寸	±5

12. 纵向受力钢筋的连接方式应符合设计要求。

检查数量：全数检查。

检验方法：观察。

13. 在施工现场应按标准《钢筋机械连接技术规程》（JGJ 107—2016）、《钢筋焊接及验收规程》（JGJ 18—2012）的规定，抽取钢筋机械连接接头、焊接接头试件做力学性能检验，其质量应符合有关规程的规定。

检查数量：按有关规程确定。

检验方法：检查产品合格证、接头力学性能试验报告。

14. 钢筋的接头宜设置在受力较小处。同一纵向受力钢筋不宜设置两个或两个以上接头。接头末端至钢筋弯起点的距离不应小于钢筋直径的 10 倍。

检查数量：全数检查。

检验方法：观察，用钢尺检查。

15. 在施工现场应按标准《钢筋机械连接技术规程》（JGJ 107—2016）、《钢筋焊接及验收规程》（JGJ 18—2012）的规定，对钢筋机械连接接头、焊接接头的外观进行检查，其质量应符合有关规程的规定。

检查数量：全数检查。

检验方法：观察。

16. 当受力钢筋采用机械连接接头或焊接接头时，设置在同一构件内的接头宜相互错开。纵向受力钢筋机械连接接头及焊接接头连接区段的长度为 $35d$（d 为纵向受力钢筋的较大直径）且不小于 500mm，凡接头中点位于该连接区段长度内的接头，均属于同一连接区段。同一连接区段内，纵向受力钢筋机械连接及焊接的接头面积百分率为该区段内有接头的纵向受力钢筋截面面积与全部纵向受力钢筋截面面积的比值。同一连接区段内，纵向受力钢筋的接头面积百分率应符合设计要求。当设计无具体要求时，应符合下列规定：

（1）在受压区不宜大于 50%；

（2）接头不宜设置在有抗震设防要求的框架梁端、柱端的箍筋加密区；当无法避开时，对等强度高质量机械连接接头不应大于 50%；

（3）直接承受动力荷载的结构构件中，不宜采用焊接接头；当采用机械连接接头时不应大于 50%。

检查数量：在同一检验批内，对梁、柱和独立基础，应抽查构件数量的 10%，且不少于 3 件；对墙和板，应按有代表性的自然间抽查 10%，且不少于 3 间；对大空间结构，墙可按相邻轴线间高度 5m 左右划分检查面，板可按纵横轴线划分检查面，抽查 10%，且均不少于 3 面。

检验方法：观察，用钢尺检查。

17. 同一构件中相邻纵向受力钢筋的绑扎搭接接头宜相互错开。绑扎搭接接头中钢筋的横向净距不应小于钢筋直径，且不应小于 25mm。钢筋绑扎搭接接头连接区段的长度为 $1.3l_l$（l_l 为搭接长度），凡搭接接头中点位于该连接区段长度内的搭接接头均属于同一连接区段。同一连接区段内，纵向钢筋搭接接头面积百分率为该区段内有搭接接头的纵向受力钢筋截面面积与全部纵向受力钢筋截面面积的比值（图 2-1）。

同一连接区段内，纵向受拉钢筋搭接接头面积百分率应符合设计要求；当设计无具体要求时，应符合下列规定：

（1）对梁类、板类及墙类构件不宜大于 25%；

（2）对柱类构件不宜大于 50%；

（3）当工程中确有必要增大接头面积百分率时，对梁类构件不应大于 50%，对其他构件可根据实际情况放宽。

检查数量：在同一检验批内，对梁、柱和独立基础应抽查构件数量的 10%，且不少于 3 件；对墙和板，应按有代表性的自然间抽查 10%，且不少于 3 间；对大空间结构，墙可按相邻轴线间高度 5m 左右划分检查面，板可按纵、横轴线划分检查面，抽查 10%，且均不少于 3 面。

检验方法：观察，用钢尺检查。

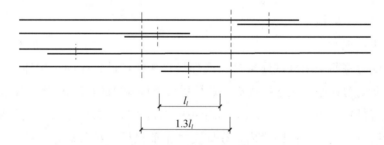

图 2-1　钢筋绑扎搭接接头连接区段及接头面积百分率

注：图中所示搭接接头同一连接区段内的搭接钢筋为两根，当各钢筋直径相同时，接头面积百分率为 50%。

18. 在梁、柱类构件的纵向受力钢筋搭接长度范围内，应按设计要求配置箍筋。当设计无具体要求时，应符合下列规定：

（1）箍筋直径不应小于搭接钢筋较大直径的 0.25 倍；

（2）受拉搭接区段的箍筋间距不应大于搭接钢筋较小直径的 5 倍，且不应大于 100mm；

（3）受压搭接区段的箍筋间距不应大于搭接钢筋较小直径的 10 倍，且不应大于 200mm；

（4）当柱中纵向受力钢筋直径大于 25mm 时，应在搭接接头两个端面外 100mm 范围内各设置两个箍筋，其间距宜为 50mm。

检查数量：在同一检验批内，对梁、柱和独立基础，应抽查构件数量的 10%，且不少于 3 件；对墙和板，应按有代表性的自然间抽查 10%，且不少于 3 间；对大空间结构，墙可按相邻轴线间高度 5m 左右划分检查面，板可按纵、横轴线划分检查面，抽查 10%，且均不少于 3 面。

检验方法：用钢尺检查。

19. 钢筋安装时，受力钢筋的品种、级别、规格和数量必须符合设计要求。

检查数量：全数检查。

检验方法：观察，用钢尺检查。

20. 钢筋安装位置的允许偏差和检验方法应符合表 2-10 的规定。

检查数量：在同一检验批内，对梁、柱和独立基础，应抽查构件数量的 10%，且不少于 3 件；对墙和板，应按有代表性的自然间抽查 10%，且不少于 3 间；对大空间结构，墙可按相邻轴线间高度 5m 左右划分检查面，板可按纵、横轴线划分检查面，抽查 10%，且均不少于 3 面。

表 2-10　钢筋安装位置的允许偏差和检验方法

项目		允许偏差（mm）	检验方法
绑扎钢筋网	长、宽	±10	尺量
	网眼尺寸	±20	尺量连续三档，取最大偏差值
绑扎钢筋骨架	长	±10	尺量
	宽、高	±5	尺量
纵向受力钢筋	锚固长度	−20	尺量
	间距	±10	尺量两端、中间各一点，取最大偏差值
	排距	±5	
纵向受力钢筋、箍筋的混凝土保护层厚度	基础	±10	尺量
	柱、梁	±5	尺量
	板、墙、壳	±3	尺量
绑扎箍筋、横向钢筋间距		±20	尺量连续三档，取最大偏差值
钢筋弯起点位置		20	尺量
预埋件	中心线位置	5	尺量
	水平高差	+3，0	塞尺量测

注：检查中心线位置时，沿纵、横两个方向量测，并取其中偏差的较大值。

十、预应力分项工程

1. 后张法预应力工程的施工应由具有相应资质等级的预应力专业施工单位承担。

2. 预应力筋张拉机具设备及仪表，应定期维护和校验。张拉设备应配套标定，并配套使用。张拉设备的标定期限不应超过半年。当在使用过程中出现反常现象时或在千斤顶检修后，应重新标定。

注：（1）张拉设备标定时，千斤顶活塞的运行方向应与实际张拉工作状态一致；

（2）压力表的精度不应低于1.5级，标定张拉设备用的试验机或测力计精度不应低于±2%。

3. 在浇筑混凝土之前，应进行预应力隐蔽工程验收，其内容包括：

（1）预应力筋的品种、规格、数量、位置等；

（2）预应力筋锚具和连接器的品种、规格、数量、位置等；

（3）预留孔道的规格、数量、位置、形状及灌浆孔、排气兼泌水管等；

（4）锚固区局部加强构造等。

4. 预应力筋进场时，应按国家标准《预应力混凝土用钢绞线》（GB/T 5224—2014）等的规定抽取试件做力学性能检验，其质量必须符合有关标准的规定。

检查数量：按进场的批次和产品的抽样检验方案确定。

检验方法：检查产品合格证、出厂检验报告和进场复验报告。

5. 无黏结预应力筋的涂包质量应符合行业标准《无粘结预应力钢绞线》（JG/T 161—2016）标准的规定。

检查数量：每60t为一批每批抽取一组试件。

检验方法：观察，检查产品合格证、出厂检验报告和进场复验报告。

注：当有工程经验，并经观察认为质量有保证时，可不做油脂用量和护套厚度的进场复验。

6. 预应力筋用锚具、夹具和连接器应按设计要求采用，其性能应符合国家标准《预应力筋用锚具、夹具和连接器》（GB/T 14370—2015）等的规定。

检查数量：按进场批次和产品的抽样检验方案确定。

检验方法：检查产品合格证、出厂检验报告和进场复验报告。

注：对锚具用量较少的一般工程，如供货方提供有效的试验报告，可不做静载锚固性能试验。

7. 孔道灌浆用水泥应采用普通硅酸盐水泥，其质量应符合国家标准《混凝土结构工程施工质量验收规范》（GB 50204—2015）第7.2.1条的规定。孔道灌浆用外加剂的质量应符合国家标准《混凝土结构工程施工质量验收规范》（GB 50204—2015）第7.2.2条的规定。

检查数量：按进场批次和产品的抽样检验方案确定。

检验方法：检查产品合格证、出厂检验报告和进场复验报告。

注：对孔道灌浆用水泥和外加剂用量较少的一般工程，当有可靠依据时，可不做材料性能的进场复验。

8. 预应力筋使用前应进行外观检查，其质量应符合下列要求：

（1）有粘结预应力筋展开后应平顺，不得有弯折，表面不应有裂纹、小刺、机械损伤、氧化和油污等。

（2）无黏结预应力筋护套应光滑、无裂缝、无明显褶皱。

检查数量：全数检查。

检验方法：观察。

注：无黏结预应力筋护套轻微破损者应外包防水塑料胶带修补，严重破损者不得使用。

9. 预应力筋用锚具、夹具和连接器使用前应进行外观检查，其表面应无污物、锈蚀、机械损伤和裂纹。

检查数量：全数检查。

检验方法：观察。

10. 预应力混凝土用金属螺旋管的尺寸和性能应符合行业标准《预应力混凝土用金属波纹管》（JG/T 225—2020）的规定。

检查数量：按进场批次和产品的抽样检验方案确定。

检验方法：检查产品合格证、出厂检验报告和进场复验报告。

注：对金属螺旋管用量较少的一般工程，当有可靠依据时，可不做径向刚度抗渗漏性能的进场复验。

11. 预应力混凝土用金属螺旋管在使用前应进行外观检查，其内外表面应清洁、无锈蚀，不应有油污、孔洞和不规则的褶皱，咬口不应有开裂或脱扣。

检查数量：全数检查。

检验方法：观察。

12. 预应力筋安装时其品种、级别、规格、数量必须符合设计要求。

检查数量：全数检查。

检验方法：观察，用钢尺检查。

13. 先张法预应力施工时应选用非油质类模板，刷隔离剂时应避免沾污预应力筋。

检查数量：全数检查。

检验方法：观察。

14. 施工过程中应避免电火花损伤预应力筋，受损伤的预应力筋应予以更换。

检查数量：全数检查。

检验方法：观察。

15. 预应力筋下料应符合下列要求：

（1）预应力筋应采用砂轮锯或切断机切断，不得采用电弧切割；

（2）当钢丝束两端采用镦头锚具时，同一束中各根钢丝长度的极差不应大于钢丝长度的 1/5000，且不应大于 5mm。当成组张拉长度不大于 10m 的钢丝时，同组钢丝长度的极差不得大于 2mm。

检查数量：每工作班抽查预应力筋总数的 3%，且不少于 3 束。

检验方法：观察，用钢尺检查。

16. 预应力筋端部锚具的制作质量应符合下列要求：

（1）挤压锚具制作时压力表油压应符合操作说明书的规定，挤压后预应力筋外端应露出挤压套筒 1～5mm；

（2）钢绞线压花锚成型时，表面应清洁、无油污，梨形头尺寸和直线段长度应符合设计要求；

（3）钢丝镦头的强度不得低于钢丝强度标准值的98％。

检查数量：对挤压锚每工作班抽查5％，且不应少于5件；对压花锚，每工作班抽查3件；对钢丝镦头强度，每批钢丝检查6个镦头试件。

检验方法：观察，用钢尺检查，检查镦头强度试验报告。

17. 后张法有黏结预应力筋预留孔道的规格、数量、位置和形状除应符合设计要求外尚应符合下列规定：

（1）预留孔道的定位应牢固，浇筑混凝土时不应出现移位和变形；

（2）孔道应平顺，端部的预埋锚垫板应垂直于孔道中心线；

（3）成孔用管道应密封良好，接头应严密且不得漏浆；

（4）灌浆孔的间距：对预埋金属螺旋管不宜大于30m；对抽芯成型孔道不宜大于12m。

（5）在曲线孔道的曲线波峰部位，应设置排气兼泌水管，必要时可在最低点设置排水孔。

（6）灌浆孔及泌水管的孔径应能保证浆液畅通。

检查数量：全数检查。

检验方法：观察，用钢尺检查。

18. 预应力筋束形控制点的竖向位置允许偏差应符合表2-11的规定。

表2-11　束形控制点的竖向位置允许偏差

截面高（厚）度（mm）	$h \leqslant 300$	$300 < h \leqslant 1500$	$h > 1500$
允许偏差（mm）	±5	±10	±15

检查数量：在同一检验批内，抽查各类型构件中预应力筋总数的5％，且对各类型构件均不少于5束，每束不应少于5处。

检验方法：用钢尺检查。

注：束形控制点的竖向位置偏差合格点率应达到90％及以上，且不得有超过表中数值1.5倍的尺寸偏差。

19. 无黏结预应力筋的铺设应符合下列要求：

（1）无黏结预应力筋的定位应牢固，浇筑混凝土时不应出现移位和变形；

（2）端部的预埋锚垫板应垂直于预应力筋；

（3）内埋式固定端垫板不应重叠，锚具与垫板应贴紧；

（4）无黏结预应力筋成束布置时，应能保证混凝土密实并能裹住预应力筋；

（5）无黏结预应力筋的护套应完整，局部破损处应采用防水胶带缠绕紧密。

检查数量：全数检查。

检验方法：观察。

20. 浇筑混凝土前穿入孔道的后张法有黏结预应力筋，宜采取防止锈蚀的措施。

检查数量：全数检查。

检验方法：观察。

21. 预应力筋张拉或放张时，混凝土强度应符合设计要求。当设计无具体要求时，不应低于设计的混凝土立方体抗压强度标准值的75%。

检查数量：全数检查。

检验方法：检查同条件养护试件试验报告。

22. 预应力筋的张拉力、张拉或放张顺序及张拉工艺应符合设计及施工技术方案的要求，并应符合下列规定：

(1) 当施工需要超张拉时，最大张拉应力不应大于国家标准《混凝土结构设计规范（2015年版）》(GB 50010—2010) 的规定；

(2) 张拉工艺应能保证同一束中各根预应力筋的应力均匀一致；

(3) 后张法施工中，当预应力筋是逐根或逐束张拉时，应保证各阶段不出现对结构不利的应力状态；同时宜考虑后批张拉预应力筋所产生的结构构件的弹性压缩对先批张拉预应力筋的影响，确定张拉力；

(4) 先张法预应力筋放张时，宜缓慢放松锚固装置，使各根预应力筋同时缓慢放松；

(5) 当采用应力控制方法张拉时，应校核预应力筋的伸长值。实际伸长值与设计计算理论伸长值的相对允许偏差为6%。

检查数量：全数检查。

检验方法：检查张拉记录。

23. 预应力筋张拉锚固后实际建立的预应力值与工程设计规定检验值的相对允许偏差为5%。

检查数量：对先张法施工，每工作班抽查预应力筋总数的1%，且不少于3根；对后张法施工在同一检验批内，抽查预应力筋总数的3%，且不少于5束。

检验方法：对先张法施工，检查预应力筋应力检测记录；对后张法施工，检查见证张拉记录。

24. 张拉过程中应避免预应力筋断裂或滑脱，当发生断裂或滑脱时，必须符合下列规定：

(1) 对后张法预应力结构构件，断裂或滑脱的数量严禁超过同一截面预应力筋总根数的3%，且每束钢丝不得超过一根。对多跨双向连续板，其同一截面应按每跨计算；

(2) 对先张法预应力构件，在浇筑混凝土前发生断裂或滑脱的预应力筋必须予以更换。

检查数量：全数检查。

检验方法：观察，检查张拉记录。

25. 锚固阶段张拉端预应力筋的内缩量应符合设计要求。当设计无具体要求时，应符合表 2-12 的规定。

检查数量：每工作班抽查预应力筋总数的 3%，且不少于 3 束。

检验方法：用钢尺检查。

表 2-12　张拉端预应力筋的内缩量限值

锚具类别		内缩量限值（mm）
支承式锚具（镦头锚具等）	螺母缝隙	1
	每块后加垫板的缝隙	1
锥塞式锚具		5
夹片式锚具	有预压	5
	无预压	6~8

26. 先张法预应力筋张拉后与设计位置的偏差不得大于 5mm，且不得大于构件截面短边边长的 4%。

检查数量：每工作班抽查预应力筋总数的 3%，且不少于 3 束。

检验方法：用钢尺检查。

27. 后张法有黏结预应力筋张拉后应尽早进行孔道灌浆，孔道内水泥浆应饱满、密实。

检查数量：全数检查。

检验方法：观察，检查灌浆记录。

28. 锚具的封闭保护，应符合设计要求；当设计无具体要求时，应符合下列规定：

（1）应采取防止锚具腐蚀和遭受机械损伤的有效措施；

（2）凸出式锚固端锚具的保护层厚度不应小于 50mm；

（3）外露预应力筋的保护层厚度：处于正常环境时不应小于 20mm，处于易受腐蚀环境时不应小于 50mm。

检查数量：在同一检验批内，抽查预应力筋总数的 5%，且不少于 5 处。

检验方法：观察，用钢尺检查。

29. 后张法预应力筋锚固后的外露部分宜采用机械方法切割，其外露长度不宜小于预应力筋直径的 1.5 倍，且不宜小于 30mm。

检查数量：在同一检验批内，抽查预应力筋总数的 3%，且不少于 5 束。

检验方法：观察，用钢尺检查。

30. 灌浆用水泥浆的水灰比不应大于 0.45，搅拌后 3h 泌水率不宜大于 2%，且不应大于 3%，泌水应能在 24h 内，全部重新被水泥浆吸收。

检查数量：同一配合比检查一次。

检验方法：检查水泥浆性能试验报告。

31. 灌浆用水泥浆的抗压强度不应小于 30N/mm²。

检查数量：每工作班留置一组边长为 70.7mm 的立方体试件。

检验方法：检查水泥浆试件强度试验报告。

注：1）一组试件由 6 个试件组成，试件应标准养护 28d；

2）抗压强度为一组试件的平均值，当一组试件中抗压强度最大值或最小值与平均值相差超过 20％时，应取中间 4 个试件强度的平均值。

十一、混凝土分项工程

1. 结构构件的混凝土强度，应按现行国家标准《混凝土强度检验评定标准》（GB/T 50107—2010），对采用蒸汽法养护的混凝土结构构件，其混凝土试件应先随同结构构件同条件蒸汽养护，再转入标准条件养护共 28d，当混凝土中掺用矿物掺和料时，确定混凝土强度时的龄期可按国家标准《粉煤灰混凝土应用技术规范》（GB/T 50146—2014）等的规定取值。

2. 检验评定混凝土强度用的混凝土试件尺寸及强度的尺寸换算系数应按表 2-13 取用，其标准成型方法、标准养护条件及强度试验方法应符合普通混凝土力学性能要求。

表 2-13　混凝土试件尺寸及强度的尺寸换算系数

骨料最大粒径（mm）	试件尺寸（mm）	强度的尺寸换算系数
≤31.5	100×100×100	0.95
≤40	150×150×150	1.00
≤63	200×200×200	1.05

注：对强度等级为 C60 及以上的混凝土试件，其强度的尺寸换算系数可通过试验确定。

3. 结构构件拆模、出池、出厂、吊装、张拉放张及施工期间临时负荷时的混凝土强度，应根据同条件养护的标准尺寸试件的混凝土强度确定。

4. 当混凝土试件强度评定不合格时，可采用非破损或局部破损的检测方法，按国家现行有关标准的规定对结构构件中的混凝土强度进行推定，并作为处理的依据。

5. 混凝土的冬期施工应符合标准《建筑工程冬期施工规程》（JGJ/T 104—2011）和施工技术方案的规定。

6. 水泥进场时应对其品种、级别、包装或散装仓号、出厂日期等进行检查，并应对其强度、安定性及其他必要的性能指标进行复验，其质量必须符合国家标准《通用普通硅酸盐水泥》国家标准第 1 号修改单（GB 175—2007/XG 1—2009）等的规定。当在使用中对水泥质量有怀疑或水泥出厂超过三个月（快硬硅酸盐水泥超过一个月）时，应进行复验，并按复验结果使用。钢筋混凝土结构、预应力混凝土结构中，严禁使用含氯化物的水泥。

检查数量：按同一生产厂家、同一等级、同一品种、同一批号且连续进场的水泥，袋装不超过 200t 为一批，散装不超过 500t 为一批，每批抽样不少于一次。

检验方法：检查产品合格证、出厂检验报告和进场复验报告。

7. 混凝土中掺用外加剂的质量及应用技术应符合国家标准《混凝土外加剂》（GB 8076—2008）、《混凝土外加剂应用技术规范》（GB 50119—2013）和有关环境保护的规定。

预应力混凝土结构中，严禁使用含氯化物的外加剂。钢筋混凝土结构中，当使用含氯化物的外加剂时，混凝土中氯化物的总含量应符合国家标准《混凝土质量控制标准》（GB 50164—2011）的规定。

检查数量：按进场的批次和产品的抽样检验方案确定。

检验方法：检查产品合格证、出厂检验报告和进场复验报告。

8. 混凝土中氯化物和碱的总含量应符合国家标准《混凝土结构设计规范（2015 年版）》（GB 50010—2010）和设计的要求。

检验方法：检查原材料试验报告和氯化物、碱的总含量计算书。

9. 混凝土中掺用矿物掺和料的质量应符合国家标准《用于水泥和混凝土中的粉煤灰》（GB/T 1596—2017）等的规定。矿物掺和料的掺量应通过试验确定。

检查数量：按进场的批次和产品的抽样检验方案确定。

检验方法：检查出厂合格证和进场复验报告。

10. 普通混凝土所用的粗、细骨料的质量，应符合行业标准《普通混凝土用砂、石质量及检验方法标准》（JGJ 52—2006）的规定。

检查数量：按进场的批次和产品的抽样检验方案确定。

检验方法：检查进场复验报告。

注：（1）混凝土用的粗骨料最大颗粒粒径不得超过构件截面最小尺寸的 1/4，且不得超过钢筋最小净间距的 3/4；

（2）混凝土实心板骨料最大粒径不宜超过板厚的 1/3，且不得超过 40mm。

11. 拌制混凝土宜采用饮用水，当采用其他水源时，水质应符合行业标准《混凝土用水标准》（JGJ 63—2006）的规定。

检查数量：同一水源检查不应少于一次。

检验方法：检查水质试验报告。

12. 混凝土应按行业标准《普通混凝土配合比设计规程》（JGJ 55—2011）的有关规定，根据混凝土强度等级、耐久性和工作性等要求进行配合比设计。对有特殊要求的混凝土，其配合比设计尚应符合国家现行有关标准的专门规定。

检验方法：检查配合比设计资料。

13. 首次使用的混凝土配合比应进行开盘鉴定，其工作性应满足设计配合比的要求。开始生产时应至少留置一组标准养护试件，作为验证配合比的依据。

检验方法：检查开盘鉴定资料和试件强度试验报告

14. 混凝土拌制前，应测定砂、石含水率，并根据测试结果调整材料用量，提出施工配合比。

检查数量：每工作班检查一次。

检验方法：检查含水率测试结果和施工配合比通知单。

15. 结构混凝土的强度等级必须符合设计要求。用于检查结构构件混凝土强度的试件，应在混凝土的浇筑地点随机抽取。取样与试件留置应符合下列规定：

（1）每拌制 100 盘且不超过 $100m^3$ 的同配合比的混凝土，取样不得少于一次；

（2）每工作班拌制的同一配合比的混凝土不足 100 盘时，取样不得少于一次；

（3）当一次连续浇筑超过 $1000m^3$ 时，同一配合比的混凝土每 $200m^3$，取样不得少于一次；

（4）每一楼层、同一配合比的混凝土，取样不得少于一次；

（5）每次取样应至少留置一组标准养护试件，同条件养护试件的留置组数应根据实际需要确定。

检验方法：检查施工记录及试件强度试验报告。

16．对有抗渗要求的混凝土结构，其混凝土试件应在浇筑地点随机取样。同一工程、同一配合比的混凝土，取样不应少于一次，留置组数可根据实际需要确定。

检验方法：检查试件抗渗试验报告。

17．混凝土原材料每盘称量的允许偏差应符合表 2-14 的规定。

表 2-14　混凝土原材料每盘称量的允许偏差

材料名称	允许偏差
水泥掺和料	±2%
粗细骨料	±3%
水、外加剂	±2%

注：1. 各种衡器应定期校验，每次使用前应进行零点校核，保持计量准确。

　　2. 当遇雨天或含水率有显著变化时，应增加含水率检测次数，并及时调整水和骨料的用量。

检查数量：每工作班抽查不应少于一次。

检验方法：复称。

18．混凝土运输、浇筑及间歇的全部时间不应超过混凝土的初凝时间。同一施工段的混凝土应连续浇筑，并应在底层混凝土初凝之前将上一层混凝土浇筑完毕。当底层混凝土初凝后浇筑上一层混凝土时，应按施工技术方案中对施工缝的要求进行处理。

检查数量：全数检查。

检验方法：观察，检查施工记录。

19．施工缝的位置应在混凝土浇筑前按设计要求和施工技术方案确定。施工缝的处理应按施工技术方案执行。

检查数量：全数检查。

检验方法：观察，检查施工记录。

20．后浇带的留置位置应按设计要求和施工技术方案确定。后浇带混凝土浇筑应按施工技术方案进行。

检查数量：全数检查。

检验方法：观察，检查施工记录。

21．混凝土浇筑完毕后应按施工技术方案及时采取有效的养护措施，并应符合下列规定：

（1）应在浇筑完毕后的12h以内，对混凝土加以覆盖，并保湿养护。

（2）混凝土浇水养护的时间：对采用硅酸盐水泥、普通硅酸盐水泥或矿渣硅酸盐水泥拌制的混凝土，不得少于7d；对掺用缓凝型外加剂或有抗渗要求的混凝土，不得少于14d。

（3）浇水次数应能保持混凝土处于湿润状态，混凝土养护用水应与拌制用水相同；

（4）采用塑料布覆盖养护的混凝土，其敞露的全部表面应覆盖严密，并应保持塑料布内有凝结水。

（5）混凝土强度达到1.2N/mm²前，不得在其上踩踏或安装模板及支架。

注：①当日平均气温低于5℃时不得浇水。

②当采用其他品种水泥时，混凝土的养护时间应根据所采用水泥的技术性能确定。

③混凝土表面不便浇水或使用塑料布时，宜涂刷养护剂。

④对大体积混凝土的养护，应根据气候条件按施工技术方案采取控温措施。

检查数量：全数检查。

检验方法：观察，检查施工记录。

十二、现浇结构分项工程

1. 现浇结构的外观质量缺陷，应由监理（建设）单位、施工单位等各方根据其对结构性能和使用功能影响的严重程度，按表2-15确定。

表2-15 现浇结构外观质量缺陷

名称	现象	严重缺陷	一般缺陷
露筋	构件内钢筋未被混凝土包裹而外露	纵向受力钢筋有露筋	其他钢筋有少量露筋
蜂窝	混凝土表面缺少水泥浆而形成石子外露	构件主要受力部位有蜂窝	其他部位有少量蜂窝
孔洞	混凝土中孔穴深度和长度均超过保护层厚度	构件主要受力部位有孔洞	其他部位有少量孔洞
夹渣	混凝土中夹有杂物且深度超过保护层厚度	构件主要受力部位有夹渣	其他部位有少量夹渣
疏松	混凝土中局部不密实	构件主要受力部位有疏松	其他部位有少量疏松
裂缝	缝隙从混凝土表面延伸至混凝土内部	构件主要受力部位有影响结构性能或使用功能的裂缝	其他部位有少量不影响结构性能或使用功能的裂缝
连接部位缺陷	构件连接处混凝土缺陷及连接钢筋、连接铁件松动	连接部位有影响结构传力性能的缺陷	连接部位有基本不影响结构传力性能的缺陷
外形缺陷	缺棱掉角、棱角不直、翘曲不平、飞出凸肋等	清水混凝土构件内有影响使用功能或装饰效果的外形缺陷	其他混凝土构件有不影响使用功能的外形缺陷
外表缺陷	构件表面麻面、掉皮、起砂、沾污等	具有重要装饰效果的清水混凝土构件有外表缺陷	其他混凝土构件有不影响使用功能的外表缺陷

2. 现浇结构拆模后，应由监理（建设）单位、施工单位对外观质量和尺寸偏差进行检查，做出记录，并应及时按施工技术方案对缺陷进行处理。

3. 现浇结构的外观质量不应有严重缺陷。对已经出现的严重缺陷，应由施工单位提出技术处理方案，并经监理（建设）单位认可后进行处理，对经处理的部位，应重新检查验收。

检查数量：全数检查。

检验方法：观察，检查技术处理方案。

4. 现浇结构的外观质量不宜有一般缺陷。对已经出现的一般缺陷，应由施工单位按技术处理方案进行处理，并重新检查验收。

检查数量：全数检查。

检验方法：观察，检查技术处理方案。

5. 现浇结构不应有影响结构性能和使用功能的尺寸偏差。混凝土设备基础不应有影响结构性能和设备安装的尺寸偏差。对超过尺寸允许偏差且影响结构性能和安装、使用功能的部位，应由施工单位提出技术处理方案，并经监理（建设）单位认可后进行处理，对经处理的部位，应重新检查验收。

检查数量：全数检查。

检验方法：量测，检查技术处理方案。

6. 现浇结构和混凝土设备基础尺寸允许偏差和检验方法应符合表 2-16、表 2-17 的规定。

检查数量：按楼层、结构缝或施工段划分检验批。在同一检验批内，对梁、柱和独立基础，应抽查构件数量的 10%，且不少于 3 件；对墙和板，应按有代表性的自然间抽查 10%，且不少于 3 间；对大空间结构，墙可按相邻轴线间高度 5m 左右划分检查面，板可按纵、横轴线划分检查面，抽查 10%，且均不少于 3 面；对电梯井应全数检查；对设备基础应全数检查。

检验方法：量测检查。

表 2-16　现浇结构尺寸允许偏差和检验方法

项目			允许偏差（mm）	检验方法
轴线位置	整体基础		15	经纬仪及尺量
	独立基础		10	经纬仪及尺量
	柱、墙、梁		8	尺量
垂直度	层高	≤6m	10	经纬仪或吊线、尺量
		>6m	12	经纬仪或吊线、尺量
	全高（H）≤300m		$H/30000$ 且＋20	经纬仪、尺量
	全高（H）>300m		$H/10000$ 且≤80	经纬仪、尺量
标高	层高		±10	水准仪或拉线、尺量
	全高		±30	水准仪或拉线、尺量

续表

项目		允许偏差（mm）	检验方法
截面尺寸	基础	+15，−10	尺量
	柱、梁、板、墙	+10，−5	尺量
	楼梯相邻踏步高差	6	尺量
电梯井	中心位置	10	尺量
	长、宽尺寸	+25，0	尺量
表面平整度		8	2m靠尺和塞尺量测
预埋件中心位置	预埋板	10	尺量
	预埋螺栓	5	尺量
	预埋管	5	尺量
	其他	10	尺量
预留洞、孔中心线位置		15	尺量

注：1. 检查轴线、中心线位置时，沿纵、横两个方向测量，并取其中偏差的较大值。

2. H 为全高，单位为 mm。

表 2-17　混凝土设备基础尺寸允许偏差和检验方法

项目		允许偏差（mm）	检验方法
坐标位置		20	经纬仪及尺量
不同平面标高		0，−20	水准仪或拉线、尺量
平面外形尺寸		±20	尺量
凸台上平面外形尺寸		0，−20	尺量
凹槽尺寸		+20，0	尺量
平面水平度	每米	5	水平尺、塞尺量测
	全长	10	水准仪或拉线、尺量
垂直度	每米	5	经纬仪或吊线、尺量
	全高	10	经纬仪或吊线、尺量
预埋地脚螺栓	中心位置	2	尺量
	顶标高	+20，0	水准仪或拉线、尺量
	中心距	±2	尺量
	垂直度	5	吊线、尺量
预埋地脚螺栓孔	中心线位置	10	尺量
	截面尺寸	+20，0	尺量
	深度	+20，0	尺量
	垂直度	$h/100$ 且≤10	吊线、尺量
预埋活动地脚螺栓锚板	中心线位置	5	尺量
	标高	+20，0	水准仪或拉线、尺量
	带槽锚板平整度	5	直尺、塞尺量测
	带螺纹孔锚板平整度	2	直尺、塞尺量测

注：1. 检查坐标、中心线位置时，应沿纵、横两个方向测量，并取其中偏差的较大值。

2. h 为预埋地脚螺栓孔孔深，单位为 mm。

7．预制构件应进行结构性能检验，结构性能检验不合格的预制构件不得用于混凝土结构。

8．叠合结构中预制构件的叠合面应符合设计要求。

9．装配式结构外观质量、尺寸偏差的验收及对缺陷的处理应按《混凝土结构工程施工质量验收规范》（GB 50204—2015）中的第9章的相应规定执行。

10．预制构件应在明显部位标明生产单位、构件型号、生产日期和质量验收标志。构件上的预埋件、插筋和预留孔洞的规格、位置和数量应符合标准图或设计的要求。

检查数量：全数检查。

检验方法：观察。

11．预制构件的外观质量不应有严重缺陷，对已经出现的严重缺陷，应按技术处理方案进行处理，并重新检查验收。

检查数量：全数检查。

检验方法：观察，检查技术处理方案。

12．预制构件不应有影响结构性能和安装、使用功能的尺寸偏差。对超过尺寸允许偏差且影响结构性能和安装、使用功能的部位，应按技术处理方案进行处理，并重新检查验收。

检查数量：全数检查。

检验方法：量测，检查技术处理方案。

13．预制构件的外观质量不宜有一般缺陷。对已经出现的一般缺陷，应按技术处理方案进行处理，并重新检查验收。

检查数量：全数检查。

检验方法：观察，检查技术处理方案。

14．预制构件尺寸允许偏差和检验方法应符合表2-18的规定。

检查数量：同一工作班生产的同类型构件，抽查5％且不少于3件。

表 2-18 预制构件尺寸允许偏差和检验方法

项目			允许偏差（mm）	检验方法
长度	楼板、梁、柱、桁架	＜12m	±5	尺量
		≥12mm且＜18m	±10	
		≥18m	±20	
	墙板		±4	
宽度、高（厚）度	楼板、梁、柱、桁架		±5	尺量一端及中部，取其中偏差绝对值较大处
	墙板		±4	
表面平整度	楼板、梁、柱、墙板内表面		5	2m靠尺和塞尺量测
	墙板外表面		3	
侧向弯曲	楼板、梁、柱		$L/750≤20$	接线、直尺量测最大侧向弯曲处
	墙板、桁架		$L/1000≤20$	

续表

项目		允许偏差（mm）	检验方法
翘曲	楼板	$L/750$	调平尺在两端量测
	墙板	$L/1000$	
对角线	楼板	10	尺量两个对角线
	墙板	5	
预留孔	中心线位置	5	尺量
	孔尺寸	±5	
预留洞	中心线位置	10	尺量
	洞口尺寸、深度	±10	
预埋件	预埋板中心线位置	5	尺量
	预埋板与混凝土面平面高差	0，−5	
	预埋螺栓	2	
	预埋螺栓外露长度	−10，−5	
	预埋套筒、螺母中心线位置	2	
	预埋套筒、螺母与混凝土面平面高差	±5	
预留插筋	中心线位置	5	尺量
	外露长度	+10，−5	
键槽	中心线位置	5	尺量
	长度、宽度	±5	
	深度	±10	

注：1. L 为构件长度，单位为 mm；

2. 检查中心线、螺栓和孔道位置偏差时，沿纵、横两个方向量测，并取其中偏差较大值。

15. 预制构件应按标准图或设计要求的试验参数及检验指标进行结构性能检验。

检验内容：对钢筋混凝土构件和允许出现裂缝的预应力混凝土构件进行承载力、挠度和裂缝宽度检验；对不允许出现裂缝的预应力混凝土构件进行承载力、挠度和抗裂检验；对预应力混凝土构件中的非预应力杆件按钢筋混凝土构件的要求进行检验。对设计成熟、生产数量较少的大型构件，当采取加强材料和制作质量检验的措施时，可仅作挠度、抗裂或裂缝宽度检验，当采取上述措施并有可靠的实践经验时，可不作结构性能检验。

检验数量：对成批生产的构件，应按同一工艺正常生产的不超过 1000 件且不超过 3 个月的同类产品为一批。当连续检验 10 批且每批的结构性能检验结果均符合《混凝土结构工程施工质量验收规范》（GB 50204—2015）规定的要求时。对同一工艺正常生产的构件，可改为不超过 2000 件且不超过 3 个月的同类型产品为一批，在每批中应随机抽取一个构件，作为试件进行检验。

检验方法：按本标准附录 C 规定的方法采用短期静力加载检验。

注：（1）加强"材料和制作质量检验的措施"包括下列内容：

①钢筋进场检验合格后，在使用前再对用做构件受力主筋的同批钢筋按不超过 5t 抽取一组试件，并经检验合格，对经逐盘检验的预应力钢丝可不再抽样检查；

②受力主筋焊接接头的力学性能，应按标准《钢筋焊接及验收规程》（JGJ 18—2012）检验合格后，再抽取一组试件，并经检验合格；

③混凝土按 5m³ 且不超过半个工作班生产的相同配合比的混凝土，留置一组试件，并经检验合格；

④受力主筋焊接接头的外观质量、入模后的主筋保护层厚度、张拉预应力总值和构件的截面尺寸等应逐件检验合格。

（2）"同类型产品"指同一钢种、同一混凝土强度等级、同一生产工艺和同一结构形式的构件。对同类型产品进行抽样检验时，试件宜从设计荷载最大受力、最不利或生产数量最多的构件中抽取。对同类型的其他产品，也应定期进行抽样检验。

16. 预制构件承载力应按下列规定进行检验：

（1）当按国家标准《混凝土结构设计规范（2015 年版）》（GB 50010—2010）的规定的承载力进行检验时应符合式（2-1）的要求：

$$\gamma_u^0 \geqslant \gamma_0 [\gamma_u] \tag{2-1}$$

式中　γ_u^0——构件的承载力检验系数实测值，即试件的荷载实测值与荷载设计值（均包括构件自重）的比值；

　　　γ_0——结构重要性系数，按设计要求确定，当无专门要求时取 1.0；

　　　$[\gamma_u]$——构件的承载力检验系数允许值，按表 2-19 取用。

表 2-19　构件的承载力检验系数允许值

受力情况	达到承载能力极限状态的检验标志		$[\gamma_u]$
受弯	受拉主筋处的最大裂缝宽度达到 1.5mm；或挠度达到跨度的 1/50	有屈服点热轧钢筋	1.20
		无屈服点钢筋（钢丝、钢绞线、冷加工钢筋、无屈服点热轧钢筋）	1.35
	受压区混凝土破坏	有屈服点热轧钢筋	1.30
		无屈服点钢筋（钢丝、钢绞线、冷加工钢筋、无屈服点热轧钢筋）	1.50
	受拉主筋拉断		1.50
受变构件的受剪	腹部斜裂达到 1.5mm，或斜裂缝末端受压混凝土剪压破坏		1.40
	沿斜截面混凝土斜压、斜拉破坏；受拉主筋在端部滑脱或其他锚固破坏		1.55
	叠合构件叠合面、接槎处		1.45

（2）当按构件实配钢筋进行承载力检验时，应符合式（2-2）的要求：

$$\gamma_u^0 \geqslant \gamma_0 \eta [\gamma_u] \tag{2-2}$$

式中　η——构件承载力检验修正系数，根据国家标准《混凝土结构设计规范（2015 年版）》（GB 50010—2010）按实配钢筋的承载力计算确定。

承载力检验的荷载设计值是指承载能力极限状态下，根据构件设计控制截面上的内力设计值与构件检验的加载方式，经换算后确定的荷载值（包括自重）。

17. 预制构件的挠度应按下列规定进行检验：

（1）当按国家标准《混凝土结构设计规范（2015 年版）》（GB 50010—2010）规定的挠度允许值进行检验时应符合式（2-3）和式（2-4）的要求：

$$a_s^0 \leqslant [a_s] \tag{2-3}$$

$$[a_s] = \frac{M_k}{M_q \ (\theta - 1) \ + M_k} \ [a_f] \tag{2-4}$$

式中 a_s^0——在荷载标准值下的构件挠度实测值；

$[a_s]$——挠度检验允许值；

$[a_f]$——受弯构件的挠度限值，按国家标准《混凝土结构设计规范（2015 年版）》（GB 50010—2010）确定；

M_k——按荷载标准组合计算的弯矩值；

M_q——按荷载准永久组合计算的弯矩值；

θ——考虑荷载长期作用对挠度增大的影响系数，按国家标准《混凝土结构设计规范（2015 年版）》（GB 50010—2010）确定。

（2）当按构件实配钢筋进行挠度检验或仅检验构件的挠度、抗裂或裂缝宽度时应符合式（2-5）的要求：

$$a_s^0 \leqslant 1.2 a_{cs} \tag{2-5}$$

式中 a_{cs}——在荷载标准值下按实配钢筋确定的构件挠度计算值，按国家标准《混凝土结构设计规范》（GB 50010—2010）确定。

正常使用极限状态检验的荷载标准值是指正常使用极限状态下，根据构件设计控制截面上的荷载标准组合效应与构件检验的加载方式，经换算后确定的荷载值。

注：直接承受重复荷载的混凝土受弯构件，当进行短期静力加荷试验时，a_{cs} 值应按正常使用极限状态下静力荷载标准组合相应的刚度值确定。

18. 预制构件的抗裂检验应符合式（2-6）和式（2-7）的要求：

$$\gamma_{cr}^0 \geqslant [\gamma_{cr}] \tag{2-6}$$

$$[\gamma_{cr}] = 0.95 \frac{\sigma_{pc} + \gamma f_{tk}}{\sigma_{ck}} \tag{2-7}$$

式中 γ_{cr}^0——构件的抗裂检验系数实测值，即试件的开裂荷载实测值与荷载标准值（均包括自重）的比值；

$[\gamma_{cr}]$——构件的抗裂检验系数允许值；

σ_{pc}——由预加力产生的构件抗拉边缘混凝土法向应力值，按国家标准《混凝土结构设计规范（2015 年版）》（GB 50010—2010）确定；

γ——混凝土构件截面抵抗矩塑性影响系数，按国家标准《混凝土结构设计规范（2015 年版）》（GB 50010—2010）确定；

f_{tk}——混凝土抗拉强度标准值；

σ_{ck}——由荷载标准值产生的构件抗拉边缘混凝土法向应力值，按国家标准《混凝土结构设计规范（2015 年版)》（GB 50010—2010）确定。

19. 预制构件的裂缝宽度检验应符合式（2-8）的要求：

$$w_{s.max}^0 \leqslant [w_{max}] \qquad (2-8)$$

式中 $w_{s.max}^0$——在荷载标准值下，受拉主筋处的最大裂缝宽度实测值（mm）；

$[w_{max}]$——构件检验的最大裂缝宽度允许值，按表 2-20 取用（mm）。

表 2-20 构件检验的最大裂缝宽度允许值（mm）

设计要求的最大裂缝宽度限值	0.1	0.2	0.3	0.4
$[w_{max}]$	0.07	0.15	0.20	0.25

20. 预制构件结构性能的检验结果应按下列规定验收：

(1) 当试件结构性能的全部检验结果均符合《混凝土结构工程施工质量验收规范》（GB 50204—2015）第 B.1.1 条至第 B.1.5 条的检验要求时，该批构件的结构性能应通过验收；

(2) 当第一个试件的检验结果不能全部符合上述要求，但又能符合第二次检验的要求时，可再抽两个试件进行检验，第二次检验的指标，对承载力及抗裂检验系数的允许值应取《混凝土结构工程施工质量验收规范》（GB 50204—2015）第 B.1.1 条和第 B.1.4 条规定的允许值减 0.05，对挠度的允许值应取《混凝土结构工程施工质量验收规范》（GB 50204—2015）第 B.1.3 条规定允许值的 1.10 倍，当第二次抽取的两个试件的全部检验结果均符合第二次检验的要求时，该批构件的结构性能可通过验收；

(3) 当第二次抽取的第一个试件的全部检验结果均已符合《混凝土结构工程施工质量验收规范》（GB 50204—2015）第 B.1.1 条至第 B.1.5 条的要求时，该批构件的结构性能可通过验收。

21. 进入现场的预制构件其外观质量尺寸偏差及结构性能应符合标准图或设计的要求。

检查数量：按批检查。

检验方法：检查构件合格证。

22. 预制构件与结构之间的连接应符合设计要求，连接处钢筋或埋件采用焊接或机械连接时接头质量应符合行业标准《钢筋焊接及验收规程》（JGJ 18—2012）、《钢筋机械连接技术规程》（JGJ 107—2016）的要求。

检查数量：全数检查。

检验方法：观察，检查施工记录。

23. 承受内力的接头和拼缝，当其混凝土强度未达到设计要求时，不得吊装上一层结构构件，当设计无具体要求时，应在混凝土强度不小于 $10N/mm^2$ 或具有足够的支承时方可吊装上一层结构构件，已安装完毕的装配式结构应在混凝土强度到达设计要求后，方可承受全部设计荷载。

检查数量：全数检查。

检验方法：检查施工记录及试件强度试验报告。

24. 预制构件码放和运输时的支承位置和方法应符合标准图或设计的要求。

检查数量：全数检查。

检验方法：观察。

25. 预制构件吊装前应按设计要求，在构件和相应的支承结构上标志中心线、标高等控制尺寸按标准图或设计文件校核预埋件及连接钢筋等并作出标志。

检查数量：全数检查。

检验方法：观察，用钢尺检查。

26. 预制构件应按标准图或设计的要求吊装，起吊时绳索与构件水平面的夹角不宜小于45°，否则应采用吊架或经验算确定。

检查数量：全数检查。

检验方法：观察。

27. 预制构件安装就位后，应采取保证构件稳定的临时固定措施，并应根据水准点和轴线校正位置。

检查数量：全数检查。

检验方法：观察，用钢尺检查。

28. 装配式结构中的接头和拼缝，应符合设计要求，当设计无具体要求时，应符合下列规定：

（1）对承受内力的接头和拼缝，应采用混凝土浇筑，其强度等级应比构件混凝土强度等级提高一级；

（2）对不承受内力的接头和拼缝，应采用混凝土或砂浆浇筑，其强度等级不应低于 C15 或 M15；

（3）用于接头和拼缝的混凝土或砂浆，宜采取微膨胀措施和快硬措施，在浇筑过程中应振捣密实，并应采取必要的养护措施。

检查数量：全数检查。

检验方法：检查施工记录及试件强度试验报告。

十三、混凝土结构子分部工程

1. 对涉及混凝土结构安全的重要部位，应进行结构实体检验，结构实体检验应在监理工程师（建设单位项目专业技术负责人）见证下，由施工项目技术负责人组织实施，承担结构实体检验的试验室应具有相应的资质。

2. 结构实体检验的内容应包括混凝土强度、钢筋保护层厚度以及工程合同约定的项目，必要时可检验其他项目。

3. 对混凝土强度的检验，应以在混凝土浇筑地点制备，并与结构实体同条件养护的试件强度为依据，混凝土强度检验，用同条件养护试件的留置养护和强度代表值应符合《混凝土结构工程施工质量验收规范》（GB 50204—2015）附录 C 的规定，对混凝土强度的检验也可根据合同的约定，采用非破损或局部破损的检测方法，按国家现行有关标准的规定进行。

4. 当同条件养护试件强度的检验结果符合国家标准《混凝土强度检验评定标准》

（GB/T 50107—2010）的有关规定时，混凝土强度应判为合格。

5. 对钢筋保护层厚度的检验，抽样数量、检验方法、允许偏差和合格条件应符合《混凝土结构工程施工质量验收规范》（GB 50204—2015）附录 E 的规定。

6. 当未能取得同条件养护试件强度，同条件养护试件强度被判为不合格或钢筋保护层厚度不满足要求时，应委托具有相应资质等级的检测机构，按国家有关标准的规定进行检测。

7. 混凝土结构子分部工程施工质量验收时应提供下列文件和记录：

（1）设计变更文件；

（2）原材料出厂合格证和进场复验报告；

（3）钢筋接头的试验报告；

（4）混凝土工程施工记录；

（5）混凝土试件的性能试验报告；

（6）装配式结构预制构件的合格证和安装验收记录；

（7）预应力筋用锚具、连接器的合格证和进场复验报告；

（8）预应力筋安装、张拉及灌浆记录；

（9）隐蔽工程验收记录；

（10）分项工程验收记录；

（11）混凝土结构实体检验记录；

（12）工程的重大质量问题的处理方案和验收记录；

（13）其他必要的文件和记录。

8. 混凝土结构子分部工程施工质量验收合格应符合下列规定：

（1）有关分项工程施工质量验收合格；

（2）应有完整的质量控制资料；

（3）观感质量验收合格；

（4）结构实体检验结果满足《混凝土结构工程施工质量验收规范》（GB 50204—2015）的要求。

9. 当混凝土结构施工质量不符合要求时应按下列规定进行处理：

（1）经返工返修或更换构件部件的检验批，应重新进行验收；

（2）经有资质的检测单位检测鉴定，达到设计要求的检验批，应予以验收；

（3）经有资质的检测单位检测鉴定，达不到设计要求，但经原设计单位核算，并确认仍可满足结构安全和使用功能的检验批，可予以验收；

（4）经返修或加固处理，能够满足结构安全使用要求的分项工程，可根据技术处理方案和协商文件进行验收；

10. 混凝土结构工程子分部工程施工质量验收合格后，应将所有的验收文件存档备案（见表 2-21～表 2-23）。

表 2-21 ＿＿＿＿＿检验批质量验收记录　　　　　　　　编号：

单位（子单位）工程名称			分部（子分部）工程名称			分项工程名称		
施工单位			项目负责人			检验批容量		
分包单位			分包单位项目负责人			检验批部位		
施工依据				验收依据				

验收项目		设计要求及规范规定	样本总数	最小/实际抽样数量	检查记录	检查结果
主控项目	1					
	2					
	3					
	4					
	5					
	6					
	7					
	8					
一般项目	1					
	2					
	3					
	4					
	5					

施工单位检查结果	专业工长： 项目专业质量检查员： 　　　　　　　　　年　月　日
监理单位验收结论	专业监理工程师： 　　　　　　　　　年　月　日

表 2-22 _____分项工程质量验收记录   编号：

单位（子单位）工程名称			分部（子分部）工程名称			
分项工程数量			检验批数量			
施工单位			项目负责人		项目技术负责人	
分包单位			分包单位项目负责人		分包内容	

序号	检验批名称	检验批容量	部位/区段	施工单位检查结果	监理单位验收结论
1					
2					
3					
4					
5					
6					
7					
8					
9					
10					
11					
12					
13					
14					
15					

说明：

施工单位检查结果	项目专业技术负责人： 年 月 日
监理单位验收结论	专业监理工程师： 年 月 日

表 2-23　混凝土结构子分部工程质量验收记录　　　　　　编号：

单位（子单位）工程名称				分项工程数量	
施工单位		项目负责人		技术（质量）负责人	
分包单位		分包单位负责人		分包内容	

序号	分项工程名称	检验批数量	施工单位检查结果	监理单位验收结论
1	钢筋分项工程			
2	预应力分项工程			
3	混凝土分项工程			
4	现浇结构分项工程			
5	装配式结构分项工程			
	质量控制资料			
	结构实体检验报告			
	观感质量检验结果			
综合验收结论				

施工单位 项目负责人： 　　　年　月　日	设计单位 项目负责人： 　　　年　月　日	监理单位 总监理工程师： 　　　年　月　日

十四、钢结构专篇

1. 焊接顺序不当防治

钢柱焊接应采用对称式焊接；钢梁焊接应先焊钢梁的一端，待此部位焊缝冷却至常温，再焊另一端，不可在同一根钢梁两端同时开焊。

2. 高强螺栓施拧顺序不当防治

紧固件的连接，一般按照由中心到四周的顺序进行施拧，特殊节点施拧顺序特殊处理。

3. 钢材存放不当防治

（1）钢零部件加工按要求在底层加设垫木或石块等离地防潮；

（2）要求标识钢材信息，特殊要求按相关程序执行；

（3）用钢材时应有序翻找，避免摆放杂乱、钢板变形。

4. 垂直度超差防治

（1）单层、多层及高层钢结构安装加强构件进场验收，构件安装从角柱向中间顺序进行；

（2）接过程采取合理的焊接顺序，避免因焊接应力导致钢柱垂直度偏差，必要时采取防变形措施限制焊接变形；

（3）单节钢柱垂直度允许偏差 $h/1000$，且不应大于 10mm。

5. 压型金属板与钢梁顶面接触不紧密防治

（1）压型金属板施工前应对钢梁顶面吊耳等杂物进行清理；

（2）钢梁顶面应保持清洁，压型金属板与钢梁顶面的间隙应控制在 1mm 以内。

6. 漆膜厚度超标防治

（1）防腐涂料涂装前清理构件表面灰尘、杂质，涂料充分搅拌均匀；

（2）涂装过程中用湿膜测厚仪控制湿膜厚度；油漆全干后进行干膜厚度的测量；

（3）漆膜厚度符合设计要求，负偏差不大于 $25\mu m$。

十五、装配式建筑专篇

1. 粗糙面不符合要求防治

预制构件与现浇混凝土结合部位预制构件与后浇混凝土、灌浆料、坐浆料的结合面应设置粗糙面，应均匀涂刷漏骨料界面剂，涂刷厚度必须符合厂家技术指标要求，并按要求冲洗。

2. 预制构件连接钢筋偏位防治

（1）预制剪力墙、预制柱、预制梁等构件连接钢筋对转换层连接部位，深化设计时应考虑套筒壁厚及预制构件混凝土保护层厚度高于现浇构件等因素，提前调整下部钢筋定位，保证现浇部分钢筋与套筒上下对应；

（2）深化设计时，应考虑梁柱钢筋碰撞情况，适当增减梁截面大小以消除钢筋碰撞现象；

（3）构件生产时严格按设计文件验收模具尺寸，采用定制橡胶圈固定外伸钢筋，混凝土浇筑完成后再逐个将橡胶圈从钢筋上取下；

（4）转换层现浇墙柱竖向钢筋采用梯子筋加固，上部伸出钢筋设置钢筋定位装置。

3. 预制墙板安装偏位防治

（1）预制墙板部位安装前，弹出构件建筑一米线、构件定位边线及 300mm 控制线，严格按墙体控制线和定位边线进行控制；

（2）每块预制墙板临时斜撑不少于 2 道，制墙板校核调整合格后应锁紧固定支撑；

（3）加强预制墙板现场安装过程质量检查验收，每块墙板吊装完成后须复核，每个楼层墙板吊装完成后须统一复核。

4．灌浆不密实防治

（1）预制墙体底部水平缝及套筒灌浆深化设计时，灌浆套筒内径大于钢筋外径不小于15mm，保证预留钢筋在灌浆套筒内有活动空间；

（2）预制构件出厂前需对灌浆套筒进行通过性试验，在钢筋伸入一端灌水，出浆孔应承柱状稳定水流；灌浆施工前需对灌浆孔进行除尘、润湿，去除浮水后方可进行灌浆；

（3）使用压力注浆机，每个灌浆分区应一次连续灌满，出浆口浆液成线状流出时应及时封堵。

5．预埋件、预埋线盒及预埋管线偏位或遗漏防治

（1）墙、楼板应提前确定后期的全装修点位以及机电预埋、放线洞、水电留洞等，定位必须准确无误；预埋件、预埋线盒及预埋管线必须按图施工，不得遗漏；

（2）预埋件、预埋线盒及预埋管线必须有可靠的固定措施，混凝土浇筑过程中应避免振捣棒碰撞预埋件、预埋线盒及预埋管线造成移位。

6．预制外墙渗漏防治

（1）预制外墙门窗若采用预留钢附框、预留企口的安装方式，窗框下槛应设置内外高差，窗框内外侧应采用耐候性能强的聚氨酯密封胶或硅酮改性聚醚胶密封；

（2）预制外挂墙板上下层预制外墙板之间的横向接缝设置内外高低差和空腔，以利于排水，接缝内侧、外侧设置两道防水。

7．叠合板裂缝防治

（1）叠合板多层叠放时，每层构件间的垫块应上下对齐。对于非预应力叠合板，长边长度不超过4.5m时，应设置两条木枋作为支撑，木枋应设置在距离端部1/4处；叠合板长边长度超过4.5m时，应在中部增设一道支撑；

（2）严禁在叠合板上放置重物及其他动荷载；

（3）对于密拼的预应力叠合板，在现浇层拼缝处设置横向抗裂钢筋，钢筋按照构造钢筋设置；

（4）模板支撑、起拱以及拆模进行严格控制，以防叠合楼板安装后楼板产生裂缝，在叠合位置使用C槽模板，预制楼板直接放在C槽模板。

8．叠合板漏浆、不均匀变形防治

（1）叠合楼板底面与模板交接处贴双面胶，以防止漏浆；

（2）对于密拼型叠合板，设计时宜考虑叠合板不均匀变形，在拼缝边缘设置A型拼缝缺口，能够有效地避免少量不均匀变形产生观感问题。

十六、防渗漏专篇

1．屋面渗漏防治

（1）屋面变形缝处防水层应为卷材并应增设附加层，应在接缝处留成U形槽，并用衬垫材料填好，确保当变形缝产生变形时卷材不被拉断；

（2）屋面变形缝泛水处的防水层应和变形缝处的防水层重叠搭接做好收头处理，做好盖板和滴水处理，高低跨变形缝在立面墙泛水处应选用变形能力强、抗拉强度好的材料和构造进行密封处理，并覆盖金属盖板；

（3）在屋面各道防水层或隔气层施工时，伸出屋面管道、井（烟）道及高出屋面的结构处均应用柔性防水材料做泛水，其高度不小于 250mm（管道泛水不小于 300mm）；最后一道泛水材料应采用卷材，并用管箍或压条将卷材上口压紧，再用密封材料封口。

2. 外墙渗漏防治

（1）空调板、雨篷等部位上口的墙体应设置混凝土防水翻边，防水翻边高度应不小于 100mm，并与上述构件整浇，并且对上述部位应进行防水节点设计。

（2）设计无要求时，外墙干挂饰面板应采用中性硅酮耐候密封胶嵌缝，嵌缝深度不应小于 3mm。预埋件、连接件应应进行防水、防腐处理。

（3）外墙铝合金窗下框必须有泄水构造；结构施工时门窗洞口每边留设的尺寸宜比窗框每边小 20mm，采用聚氨酯 PU 发泡胶填塞密实；宜在交界处贴高分子自粘型接缝带进行密封处理。

（4）对铝合金窗框的榫接、铆接、滑撑、方槽、螺钉等部位，以及组合窗拼樘杆件两侧的缝隙，均应用防水玻璃硅胶密封严实。

3. 外墙螺杆洞封堵渗漏防治

外墙螺杆洞封堵应用冲击钻将墙内的 PVC 管剔除、清理干净，孔眼周边残余灰浆清理，将外孔尽量扩成 20mm 深喇叭口形；用水泥砂浆在内墙初步封堵，等凝固后开始封堵外墙孔洞；外墙使用喷壶进行喷水润湿，使螺栓孔周围保持湿润，从外墙由外向内用铁抹子将膨胀水泥砂浆（膨胀剂掺量为水泥用量的 4%～5%）抹到螺栓孔，多次填塞捣实后抹平压光；待凝固后以外墙螺栓洞口为中心，涂刷水泥基防水涂料，厚度 1.5mm，直径 150mm。

4. 管根渗水防治

（1）厨房、卫生间管道穿墙处穿楼板的套管与管道之间缝隙应用阻燃密实材料和防水油膏填实，厨卫间地面管道边做防水附加层，墙身阴阳角做圆弧处理；

（2）在管道穿过楼板面四周，防水材料应向上铺涂，并超过套管的上口。在靠近墙面处，应高出面层 200～300mm 或按设计要求的高度铺涂；阴阳角和管道穿过楼板面的根部应增加铺涂防水附加层；

（3）有防火要求的穿墙管道间隙采用防火泥封堵。

5. 底板、墙面、墙根、门坎渗漏防治

（1）厨卫间四周墙面应做高出地面 200mm 的 C20 细石混凝土坎台；

（2）地面防水层上翻高度应不小于 300mm，与墙面防水层搭接宽度应不小于 100mm；落水口、管根部地面与墙面转角处找平层应做圆弧，并做 300mm 宽涂膜附加层增强措施。增强处厚度不小于 2mm；

（3）采用聚合物水泥砂浆满浆铺贴地面砖；

（4）防水层施工时，应做基层处理，保持基层平整、干净、干燥，严禁用干硬性砂浆做找平层铺贴地砖。确保防水层与基层的粘接牢固，并保证涂膜防水层的厚度。

6．地下室底板渗漏防治

（1）地下室底板在条件许可时，应设计外防水层。地下水应降至基坑底500mm以下，如不符合要求，应在垫层下设置盲沟排水，确保垫层面无明水；

（2）根据基坑环境条件，选择适宜施工的防水材料。基面干净、平整、干燥时可选择聚氨酯防水涂料或自粘防水卷材。基面潮湿可选择湿铺防水卷材或高分子自粘胶膜防水卷材（预铺反黏法施工）；

（3）防水卷材要确保搭接宽度符合规范要求（80～100mm），施工涂料防水层时要确保涂层厚度满足设计要求；在转角处、施工缝等部位，卷材要铺贴宽度不小于500mm的加强层，涂料要增加宽度不小于500mm的胎体增强材料和涂料；

（4）浇筑底板混凝土前，清干净基面杂物和积水，基面不得有明水；

（5）当承台底板为大体积混凝土时，按大体积混凝土设计配合比，并采取有效测温、控温措施，严控混凝土内外温差。

7．地下室后浇带渗漏防治

（1）后浇带混凝土采用补偿收缩混凝土，强度提高一级，确保养护时间不少于28d；

（2）后浇带两侧有差异沉降时，沉降稳定后再浇筑后浇带混凝土。

十七、混凝土施工缝渗漏防治

由于混凝土在施工缝处比较松散，而且骨料相对比较集中，因此很容易出现渗漏水病害。其原因主要表现在以下几个方面：施工缝预留位置存在问题，即将施工缝预留在混凝土的底板处，或者在墙上留有一定宽度的垂直施工缝；绑钢筋或支模过程中，由于锯末以及铁钉等物体不注意掉入施工缝中而没有清理，将混凝土浇筑以后，新旧混凝土之间就会形成一道夹层。当浇筑混凝土时，如果没有事先在施工缝中铺设一层水泥砂浆或者水泥浆，上下两层的混凝土也很难牢固地黏结在一起。如果钢筋的铺设过密，或者内外两道模板之间的距离过于狭窄，则混凝土的浇筑将变得更加困难，骨料多集中在施工缝处，因此很难保证施工的质量。

施工缝是建筑工程尤其是混凝土施工工程中比较薄弱的部位，因此施工缝应尽量不留或者少留。对于底板使用混凝土进行浇筑时，应当保持连续性，杜绝施工缝的存在。如果底板和墙体之间难以除掉施工缝，那么应当将施工缝留在墙体之上，最好高出底板表面20cm。需要注意的是，墙体上不可以留下垂直方向上的施工缝，即便难以避免，也应当与变形缝相互统一起来。在处理施工缝时，最重要的就是将上下两层建筑的混凝黏结密实，从而阻隔地下水渗漏。同时还要注意清理施工缝，将浮粒及杂物清理掉，并用钢丝刷或者剁斧打毛陈旧混凝土表面，并用清水冲刷干净。先浇上一层和混凝土中的灰砂比一样的水泥砂浆，之后再在其上层浇筑混凝土。对施工缝处的混凝土进行振捣，并保证混凝土捣固的密实度。施工缝最后不要采用平口缝，而是要采用不同的企口缝，这样可以有效地延长渗水的路线。

在钢筋布置设计与墙体厚度设计时，一定要充分考虑施工过程的方便性，这对保证施工的质量非常重要。根据建筑工程施工缝的渗漏情况以及水压的大小，可利用促凝胶浆或者氰凝灌浆方法进行堵漏。

对于还没有出现渗漏现象的施工缝，应当沿着该施工缝凿成"八"字形的凹槽，如果有松散的部位，一定要将松散的砂石进行剔除，冲刷干净以后，再用水泥素浆进行打底，最后抹上适当比例的水泥砂浆进行找平和压实。

顶板后浇带混凝土施工后，减少裸露时间，尽快完成防水层及上部构造层和覆土层，降低结构温度变形开裂风险。

十八、地下室侧墙渗漏防治技术

1. 地下室墙在保证配筋率的情况下，水平筋应尽量采用小直径、小间距的配筋方式，侧墙严格按 30～40m 设置一道后浇带，后浇带宽度宜为 700～1000mm。

2. 优化混凝土配合比，控制砂、石的含泥量，石子宜用 10～30mm 连续级配的碎石，砂宜用细度模数 2.6～2.8 的中粗砂，控制混凝土塌落度，宜为 130～150mm。

3. 固定模板用的螺栓采用止水螺栓，拆模后对螺杆孔用防水砂浆补实。

4. 地下室侧墙防水应设在迎水面，做柔性防水层，以适应侧墙的变形和裂缝。

十九、地下室顶板渗漏防治

1. 顶板混凝土强度未达到设计值时，不应过早作为施工场地，堆载不应过重。

2. 顶板后浇带混凝土浇筑后，应及时施工防水层及上部构造层加以保护。

3. 种植顶板增加一道与其下层普通防水层材性相容的耐根穿刺防水层。

4. 防水层施工前和施工后，分别对结构基层和防水层做 24h（种植顶板 48h）蓄水试验，每层均不渗漏后才进行下道工序。

5. 防水涂料施工前，基面修补平顺，基面干净、干燥后才施工，施工时应确保涂层厚度符合设计及规范要求。

6. 防水卷材施工前，湿铺卷材基面层应干净无明水，自粘卷材基面应平顺、干燥、干净。施工时应确保搭接宽度符合要求，粘贴牢固密实无气泡。

7. 转角处、管道穿板处、雨水口等细部采取防水加强措施，与墙、柱交接处，防水层上翻至地面以上不少于 500mm。

8. 防水层施工后及时施工保护层及上部构造层，防水层损伤要及时修补。

二十、门窗工程渗漏防治

1. 加气混凝土等轻质砌块墙体上的门窗洞口周边应预埋用于门窗连接的混凝土预制块或设置钢筋混凝土门窗框，不得将门窗直接固定在轻质砌块墙体上。

2. 门窗洞口应干净干燥后施打发泡剂，发泡剂应连续施打，一次成型，充填饱满，溢出门窗框外的发泡剂应在结膜前塞入缝隙内，防止发泡剂外膜破损。

3. 门窗设计应当明确抗风压性能、气密性能、水密性能和保温性能四项指标，门窗安装前应进行四项性能的见证取样检测；外门窗安装施工完毕后，应做淋水试验。

二十一、楼地面渗漏防治技术

1. 卫生间、浴室和设有配水点的封闭阳台等墙面应设置防水层，防水层高度不应小于1200mm，花洒所在及其邻近墙面防水层高度不应小于2000mm，其他有防水要求的楼地面，防水层高度不应小于300mm。

2. 烟道根部向上300mm的范围内宜采用聚合物防水砂浆粉刷，或采用柔性防水层。

第三节　钢结构工程

一、基本规定

1. 钢结构工程施工单位应具备相应的钢结构工程施工资质，施工现场质量管理应有相应的施工技术标准、质量管理体系、质量控制及检验制度，施工现场应有经项目技术负责人审批的施工组织设计、施工方案等技术文件。

2. 钢结构工程施工质量的验收，必须采用经计量检定、校准合格的计量器具。

3. 钢结构工程应按下列规定进行施工质量控制：

（1）采用的原材料及成品应进行进场验收。凡涉及安全、功能的原材料及成品应按《钢结构工程施工质量验收标准》（GB 50205—2020）规定进行复验，并应经监理工程师（建设单位技术负责人）见证取样、送样；

（2）各工序应按施工技术标准进行质量控制，每道工序完成后，应进行检查；

（3）相关各专业工种之间，应进行交接检验，并经监理工程师（建设单位技术负责人）检查认可。

4. 钢结构工程施工质量验收应在施工单位自检基础上，按照检验批、分项工程、分部（子分部）工程进行。钢结构分部（子分部）工程中分项工程划分应按照现行国家标准《建筑工程施工质量验收统一标准》（GB 50300—2013）的规定执行。钢结构分项工程应有一个或若干检验批组成，各分项工程检验批应按本规范的规定进行划分。

5. 分项工程检验批合格质量标准应符合下列规定：

（1）主控项目必须符合《钢结构工程施工质量验收标准》（GB 50205—2020）合格质量标准的要求；

（2）一般项目其检验结果应有80％及以上的检查点（值）符合《钢结构工程施工质量验收标准》（GB 50205—2020）合格质量标准的要求，且最大值不应超过其允许偏差值的1.2倍；

（3）质量检查记录、质量证明文件等资料应完整。

6. 分项工程合格质量标准应符合下列规定：

（1）分项工程所含的各检验批均应符合《钢结构工程施工质量验收标准》（GB 50205—2020）合格质量标准；

（2）分项工程所含的各检验批质量验收记录应完整。

7. 当钢结构工程施工质量不符合《钢结构工程施工质量验收标准》（GB 50205—2020）要求时，应按下列规定进行处理：

（1）经返工重做或更换构（配）件的检验批，应重新进行验收；

（2）经有资质的检测单位检测鉴定能够达到设计要求的检验批，应予以验收；

（3）经有资质的检测单位检测鉴定达不到设计要求，但经原设计单位核算认可能够满足结构安全和使用功能的检验批，可予以验收；

（4）经返修或加固处理的分项、分部工程，虽然改变外形尺寸但仍能满足安全使用要求，可按处理技术方案和协商文件进行验收。

8. 通过返修或加固处理仍不能满足安全使用要求的钢结构分部工程，严禁验收。

二、原材料及成品进场

1. 本节适用于进入钢结构各分项工程实施现场的主要材料、零（部）件、成品件、标准件等产品的进场验收。

2. 进场验收的检验批原则上应与各分项工程检验批一致，也可以根据工程规模及进料实际情况划分检验批。

检查数量：见《钢结构工程施工质量验收标准》（GB 50205—2020）附录 B。

检验方法：检查复验报告。

3. 扭剪型高强度螺栓连接副应按《钢结构工程施工质量验收标准》附录 B（GB 50205—2020）的规定检验预拉力，其检验结果应符合《钢结构工程施工质量验收标准》（GB 50205—2020）附录 B 的规定。

检查数量：见《钢结构工程施工质量验收标准》（GB 50205—2020）附录 B。

检验方法：检查复验报告。

4. 高强度螺栓连接副，应按包装箱配套供货，包装箱上应标明批号、规格、数量及生产日期。螺栓、螺母、垫圈外观表面应涂油保护，不应出现生锈和沾染脏物，螺纹不应损伤。

检查数量：按包装箱数抽查 5%，且不应少于 3 箱。

检验方法：观察。

5. 对建筑结构安全等级为一级，跨度 40m 及以上的螺栓球节点钢网架结构，其连接高强度螺栓应进行表面硬度试验，对 8.8 级的高强度螺栓其硬度应为 HRC21～29；10.9 级高强度螺栓其硬度应为 HRC32～36，且不得有裂纹或损伤。

检查数量：按规格抽查 8 只。

检验方法：用硬度计、10 倍放大镜或磁粉探伤。

6. 焊接球及制造焊接球所采用的原材料，其品种、规格、性能等应符合现行国家产品标准和设计要求。

检查数量：全数检查。

检验方法检查产品的质量合格证明文件、中文标志及检验报告等。

7. 焊接球焊：缝应进行无损检验，其质量应符合设计要求，当设计无要求时应符合《钢结构工程施工质量验收标准》（GB 50205—2020）中规定的二级质量标准。

检查数量：每一规格按数量抽查 5％，且不应少于 3 个。

检验方法：超声波探伤或检查检验报告。

8. 焊接球直径、圆度、壁厚减薄量等尺寸及允许偏差应符合《钢结构工程施工质量验收标准》（GB 50205—2020）的规定。

检查数量：每一规格按数量抽查 5％，且不应少于 3 个。

检验方法：用卡尺和测厚仪检查。

9. 焊接球表面应无明显波纹及局部凹凸不平不大于 1.5mm。

检查数量：每一规格按数量抽查 5％，且不应少于 3 个。

检验方法：观察，用弧形套模、卡尺检查。

10. 螺栓球及制造螺栓球节点所采用的原材料，其品种、规格、性能等应符合现行国家产品标准和设计要求。

检查数量：全数检查。

检验方法：检查产品的质量合格证明文件、中文标志及检验报告等。

11. 螺栓球不得有过烧、裂纹及褶皱。

检查数量：每种规格抽查 5％，且不应少于 5 只。

检验方法：用 10 倍放大镜观察和表面探伤。

12. 螺栓球螺纹尺寸应符合国家标准《普通螺纹基本尺寸》（GB/T 196—2003）中粗牙螺纹的规定，螺纹公差必须符合国家标准《普通螺纹公差》（GB/T 197—2018）中 6H 级精度的规定。

检查数量：每种规格抽查 5％，且不应少于 5 只。

检验方法：用标准螺纹规。

13. 螺栓球直径、圆度、相邻两螺栓孔中心线夹角等尺寸及允许偏差应符合《钢结构工程施工质量验收规范》（GB 50205—2020）的规定。

检查数量：每一规格按数量抽查 5％，且不应少于 3 个。

检验方法：用卡尺和分度头仪检查。

14. 封板、锥头和套筒及制造封板、锥头和套筒所采用的原材料，其品种、规格、性能等应符合现行国家产品标准和设计要求。

检查数量：全数检查。

检验方法：检查产品的质量合格证明文件、中文标志及检验报告等。

15. 封板、锥头、套筒外观不得有裂纹、过烧及氧化皮。

检查数量：每种抽查5%，且不应少于10只。

检验方法：用放大镜观察检查和表面探伤。

16. 金属压型板及制造金属压型板所采用的原材料，其品种、规格、性能等应符合现行国家产品标准和设计要求。

检查数量：全数检查。

检验方法：检查产品的质量合格证明文件、中文标志及检验报告等。

17. 压型金属泛水板、包角板和零配件的品种、规格以及防水密封材料的性能应符合现行国家产品标准和设计要求。

检查数量：全数检查。

检验方法：检查产品的质量合格证明文件、中文标志及检验报告等。

18. 压型金属板的规格尺寸及允许偏差、表面质量、涂层质量等应符合设计要求和本规范的规定。

检查数量：每种规格抽查5%，且不应少于3件。

检验方法：观察和用10倍放大镜检查及尺量。

19. 钢结构防腐涂料、稀释剂和固化剂等材料的品种、规格、性能等应符合现行国家产品标准和设计要求。

检查数量：全数检查。

检验方法：检查产品的质量合格证明文件、中文标志及检验报告等。

20. 钢结构防火涂料的品种和技术性能应符合设计要求，并应经过具有资质的检测机构检测符合国家现行有关标准的规定。

检查数量：全数检查。

检验方法：检查产品的质量合格证明文件、中文标志及检验报告等。

21. 防腐涂料和防火涂料的型号、名称、颜色及有效期应与其质量证明文件相符。开启后，不应存在结皮、结块、凝胶等现象。

检查数量：按桶数抽查5%，且不应少于3桶。

检验方法：观察检查。

22. 钢结构用橡胶垫的品种、规格、性能等应符合现行国家产品标准和设计要求。

检查数量：全数检查。

检验方法：检查产品的质量合格证明文件、中文标志及检验报告等。

23. 钢结构工程所涉及的其他特殊材料，其品种、规格、性能等应符合现行国家产品标准和设计要求。

检查数量：全数检查。

检验方法：检查产品的质量合格证明文件、中文标志及检验报告等。

三、钢结构焊接工程

1. 本节适用于钢结构制作和安装中的钢构件焊接以及焊钉焊接的工程质量验收。

2. 钢结构焊接工程可按相应的钢结构制作或安装工程检验批的划分原则划分为一个或若干个检验批。

3. 碳素结构钢应在焊缝冷却到环境温度、低合金结构钢应在完成焊接 24h 以后，进行焊缝探伤检验。

4. 焊缝施焊后应在工艺规定的焊缝及部位打上焊工钢印。

5. 焊条、焊丝、焊剂、电渣焊熔嘴等焊接材料与母材的匹配应符合设计要求及国家标准《钢结构焊接规范》（GB 50661—2011）的规定。焊条、焊剂、药芯焊丝、熔嘴等在使用前，应按其产品说明书及焊接工艺文件的规定进行烘焙和存放。

检查数量：全数检查。

检验方法：检查质量证明书和烘焙记录。

6. 焊工必须经考试合格并取得合格证书。持证焊工必须在其考试合格项目及其认可范围内施焊。

检查数量：全数检查。

检验方法：检查焊工合格证及其认可范围、有效期。

7. 施工单位对其首次采用的钢材、焊接材料、焊接方法、焊后热处理等，应进行焊接工艺评定，并应根据评定报告确定焊接工艺。

检查数量：全数检查。

检验方法：检查焊接工艺评定报告。

8. 设计要求全焊透的一、二级焊缝应采用超声波探伤进行内部缺陷的检验，超声波探伤不能对缺陷作出判断时，应采用射线探伤，其内部缺陷分级及探伤方法应符合国家标准《焊缝无损检测超声检测 技术、检测等级和评定》（GB/T 11345—2013）和《金属熔化焊焊接接头射线照相》（GB/T 3323—2005）的规定。

焊接球节点网架焊缝、螺栓球节点网架焊缝及圆管 T、K、Y 形节点相关线焊缝，其内部缺陷分级及探伤方法应分别符合《钢结构超声波探伤及质量分级法》（JG/T 203—2007）和《钢结构焊接规范》（GB 50661—2011）的规定。

一级、二级焊缝的质量等级及缺陷分级应符合表 2-24 的规定。

检查数量：全数检查。

检验方法：检查超声波或射线探伤记录。

表 2-24　一、二级焊缝质量等级及缺陷分级表

焊缝质量等级		一级	二级
内部缺陷超声波探伤	缺陷评定等级	Ⅱ	Ⅲ
	检验等级	B级	B级
	检测比例	100%	20%

焊缝质量等级		一级	二级
内部缺陷射线探伤	缺陷评定等级	Ⅱ	Ⅲ
	检验等级	B 级	B 级
	检测比例	100％	20％

注：探伤比例的计数方法应按以下原则确定：（1）对工厂制作焊缝，应按每条焊缝计算百分比，且探伤长度应不小于 200mm，当焊缝长度不足 200mm 时，应对整条焊缝进行探伤；（2）对现场安装焊缝，应按同一类型、同一施焊条件的焊缝条数计算百分比，探伤长度应不小于 200mm，并不少于 1 条焊缝。

9. T 形接头、十字接头、角接接头等要求熔透的对接和角对接组合焊缝，其焊脚尺寸不应小于 $t/4$；设计有疲劳验算要求的吊车梁或类似构件的腹板与上翼缘连接焊缝的焊脚尺寸为 $t/2$，且不应大于 10mm。焊脚尺寸的允许偏差为 0～4mm。

检查数量：资料全数检查；同类焊缝抽查 10％，且不应少于 3 条。

检验方法：观察，用焊缝量规抽查测量。

10. 连接薄钢板采用的自攻钉、拉铆钉、射钉等其规格尺寸应与被连接钢板相匹配，其间距、边距等应符合设计要求。

检查数量：按连接节点数抽查 1％，且不应少于 3 个。

检验方法：观察，用尺量检查。

11. 永久性普通螺栓紧固应牢固、可靠，外露丝扣不应少于 2 扣。

检查数量：按连接节点数抽查 10％，且不应少于 3 个。

检验方法：观察和用小锤敲击检查。

12. 自攻螺钉、钢拉铆钉、射钉等与连接钢板应紧固密贴，外观排列整齐。

检查数量：按连接节点数抽查 10％，且不应少于 3 个。

检验方法：观察和用小锤敲击检查。

13. 钢结构制作和安装单位应按《钢结构工程施工质量验收标准》（GB 50205—2020）附录 B 的规定分别进行高强度螺栓连接摩擦面的抗滑移系数试验和复验，现场处理的构件摩擦面应单独进行摩擦面抗滑移系数试验，其结果应符合设计要求。

检查数量：见《钢结构工程施工质量验收标准》（GB 50205—2020）附录 B。

检验方法：检查摩擦面抗滑移系数试验报告和复验报告。

14. 高强度大六角头螺栓连接副终拧完成 1h 后、48h 内应进行终拧扭矩检查，检查结果应符合《钢结构工程施工质量验收标准》（GB 50205—2020）附录 B 的规定。

检查数量：按节点数抽查 10％，且不应少于 10 个；每个被抽查节点按螺栓数抽查 10％，且不应少于 2 个。

检验方法：见《钢结构工程施工质量验收标准》（GB 50205—2020）附录 B。

15. 扭剪型高强度螺栓连接副终拧后，除因构造原因无法使用专用扳手终拧掉梅花头者外，未在终拧中拧掉梅花头的螺栓数不应大于该节点螺栓数的 5％。对所有梅花头未拧掉的扭剪型高强度螺栓连接副应采用扭矩法或转角法进行终拧并作标记，且按

《钢结构工程施工质量验收标准》（GB 50205—2021）第 6.3.3 条的规定进行终拧扭矩检查。

检查数量：按节点数抽查 10%，但不应少于 10 个节点，被抽查节点中梅花头未拧掉的扭剪型高强度螺栓连接副全数进行终拧扭矩检查。

检验方法：观察，检查《钢结构工程施工质量验收标准》（GB 50205—2020）附录 B。

16. 高强度螺栓连接副的施拧顺序和初拧、复拧扭矩应符合设计要求和标准《钢结构高强度螺栓连接技术规程》（JGJ 82—2011）的规定。

检查数量：全数检查资料。

检验方法：检查扭矩扳手标定记录和螺栓施工记录。

17. 高强度螺栓连接副终拧后，螺栓丝扣外露应为 2～3 扣，其中允许有 10% 的螺栓丝扣外露 1 扣或 4 扣。

检查数量：按节点数抽查 5%，且不应少于 10 个。

检验方法：观察。

18. 高强度螺栓连接摩擦面应保持干燥、整洁，不应有飞边、毛刺、焊接飞溅物、焊疤、氧化铁皮、污垢等，除设计要求外摩擦面不应涂漆。

检查数量：全数检查。

检验方法：检查。

19. 高强度螺栓应自由穿入螺栓孔。高强度螺栓孔不应采用气割扩孔，扩孔数量应征得设计同意，扩孔后的孔径不应超过 $1.2d$（d 为螺栓直径）。

检查数量：被扩螺栓孔全数检查。

检验方法：观察及用卡尺检查。

20. 螺栓球节点网架总拼完成后，高强度螺栓与球节点应紧固连接，高强度螺栓拧入螺栓球内的螺纹长度不应小于 $1.0d$（d 为螺栓直径），连接处不应出现有间隙、松动等未拧紧情况。

检查数量：按节点数抽查 5%，且不应少于 10 个。

检验方法：用普通扳手及尺量检查。

四、零件及钢部件加工工程

1. 本节适用于钢结构制作及安装中钢零件及钢部件加工的质量验收。

2. 钢零件及钢部件加工工程，可按相应的钢结构制作工程或钢结构安装工程检验批的划分原则划分为一个或若干个检验批。

3. 钢材切割面或剪切面应无裂纹、夹渣、分层和大于 1mm 的缺棱。

检查数量：全数检查。

检验方法：观察和用放大镜及百分尺检查，有疑义时做渗透、磁粉或超声波探伤检查。

4. 气割的允许偏差应符合表 2-25 的规定。

检查数量：按切割面数抽查 10%，且不应少于 3 个。

检验方法：观察和用钢尺、塞尺检查。

表 2-25　气割的允许偏差（mm）

项目	允许偏差
零件宽度、长度	±3.0
切割面平面度	0.05t，且不应大于 2.0
割纹深度	0.3
局部缺口深度	1.0

注：t 为切割面厚度。

5. 机械剪切的允许偏差应符合表 2-26 的规定。

检查数量：按切割面数抽查 10%，且不应少于 3 个。

检验方法：观察和用钢尺、塞尺检查。

表 2-26　机械剪切的允许偏差（mm）

项目	允许偏差
零件宽度、长度	±3.0
边缘缺棱	1.0
型钢端部垂直度	2.0

6. 碳素结构钢在环境温度低于 −16℃、低合金结构钢在环境温度低于 −12℃ 时，不应进行冷矫正和冷弯曲。碳素结构钢和低合金结构钢在加热矫正时，加热温度不应超过 900℃。低合金结构钢在加热矫正后应自然冷却。

检查数量：全数检查。

检验方法：检查制作工艺报告和施工记录。

7. 当零件采用热加工成型时，加热温度应控制在 900～1000℃；碳素结构钢和低合金结构钢在温度分别下降到 700℃ 和 800℃ 之前，应结束加工；低合金结构钢应自然冷却。

检查数量：全数检查。

检验方法：检查制作工艺报告和施工记录。

8. 矫正后的钢材表面，不应有明显的凹面或损伤，划痕深度不得大于 0.5mm，且不应大于该钢材厚度负允许偏差的 1/2。

检查数量：全数检查。

检验方法：观察和实测检查。

9. 冷矫正和冷弯曲的最大弯曲矢高和最小曲率半径应符合表 2-27 的规定。

检查数量：按冷矫正和冷弯曲的件数抽查 10%，且不应少于 3 个。

检验方法：观察和实测检查。

10. 钢材矫正后的允许偏差，应符合表 2-28 的规定。

检查数量：按矫正件数抽查 10%，且不应少于 3 件。

检验方法：观察和实测检查。

表 2-27　冷矫正的最小曲率半径和最大弯曲矢高（mm）

钢材类别	图例	对应轴	冷矫正	
			最小曲率半径 r	最大弯曲矢高 f
钢板扁钢		$x-x$	$50t$	$\dfrac{l^2}{400t}$
		$y-y$（仅对扁钢轴线）	$100b$	$\dfrac{l^2}{800b}$
角钢		$x-x$	$90b$	$\dfrac{l^2}{720b}$
槽钢		$x-x$	$50h$	$\dfrac{l^2}{400h}$
		$y-y$	$90b$	$\dfrac{l^2}{720b}$
工字钢、H 型钢		$x-x$	$50h$	$\dfrac{l^2}{400h}$
		$y-y$	$50b$	$\dfrac{l^2}{400b}$

注：l 为弯曲弦长；t 为钢板厚度；h 为型钢高度；r 为曲率半径；f 为弯曲矢高。

表 2-28　钢材矫正后的允许偏差（mm）

钢材类别	图例		冷弯最小曲率半径 r		备注
热轧钢板	钢板卷压成钢管		碳素结构钢	$15t$	
			低合金结构钢	$20t$	
	平板弯成 $120°\sim150°$		碳素结构钢	$10t$	—
			低合金结构钢	$12t$	
	方矩管弯直角		碳素结构钢	$3t$	
			低合金结构钢	$4t$	

钢材类别	图例	冷弯最小曲率半径 r		备注
热轧无缝钢管		碳素结构钢	$20d$	—
		低合金结构钢	$25d$	
冷成型直缝钢管		碳素结构钢	$25d$	焊缝放在中心线以内受压区
		低合金结构钢	$30d$	
冷成型方矩管		碳素结构钢	$30h$（b）	焊缝放置在弯弧中心线位置
		低合金结构钢	$35h$（b）	
热轧 H 型钢		碳素结构钢	$25h$	也适用于工字钢和槽钢对高度弯曲
		低合金结构钢	$30h$	
		碳素结构钢	$20b$	
		低合金结构钢	$25b$	
槽钢、角钢		碳素结构钢	$25b$	—
		低合金结构钢	$30b$	

注：Q390 及以上钢材冷弯曲成型最小曲率半径应通过工艺试验确定。

11. 气割或机械剪切的零件，需要进行边缘加工时，其刨削量不应小于 2.0mm。

检查数量：全数检查。

检验方法：检查工艺报告和施工记录。

12. 边缘加工允许偏差应符合表 2-29 的规定。

检查数量：按加工面数抽查 10%，且不应少于 3 件。

检验方法：观察和实测检查。

表 2-29　边缘加工的允许偏差 （mm）

项目	允许偏差
零件宽度、长度	±1.0mm
加工边直线度	$l/3000$，且不应大于 2.0mm
加工面垂直度	$0.025t$，且不应大于 0.5mm
加工面表面粗糙度	$Ra\leqslant50\mu$m

13. 螺栓球成型后，不应有裂纹、褶皱、过烧。

检查数量：每种规格抽查 10％，且不应少于 5 个。

检验方法：用 10 倍放大镜观察检查或表面探伤。

14. 钢板压成半圆球后，表面不应有裂纹、褶皱；焊接球其对接坡口应采用机械加工，对接焊缝表面应打磨平整。

检查数量：每种规格抽查 10％，且不应少于 5 个。

检验方法：用 10 倍放大镜观察检查或表面探伤。

15. 螺栓球加工的允许偏差应符合表 2-27 的规定。

检查数量：每种规格抽查 15％，且不应少于 3 个。

检验方法：见表 2-30。

表 2-30　螺栓球加工的允许偏差 （mm）

项目		允许偏差
球直径	$d\leqslant120$	$+2.0$ -1.0
	$d>120$	$+3.0$ -1.5
球圆度	$d\leqslant120$	1.5
	$120<d\leqslant250$	2.5
	$d>250$	3.0
同一轴线上两铣平面平行度	$d\leqslant120$	0.2
	$d>120$	0.3
铣平面距球中心距离		±0.2
相邻两螺栓孔中心线夹角		$\pm30'$
两铣平面与螺栓孔轴线垂直度		$0.005r$

注：r 为螺栓球半径；d 为螺栓球直径。

16. 焊接球加工的允许偏差应符合表 2-31 的规定。

检查数量：每种规格抽查 5％，且不应少于 3 个。

检验方法：见表 2-31。

表 2-31 焊接球加工的允许偏差 (mm)

项目		允许偏差	检验方法
球直径	$D \leq 300$	±1.5	用卡尺和游标卡尺检查
	$300 < D \leq 500$	±2.5	
	$500 < D \leq 800$	±3.5	
	$D > 800$	±4.0	
圆度	$D \leq 300$	±1.5	用卡尺和游标卡尺检查
	$300 < D \leq 500$	±2.5	
	$500 < D \leq 800$	±3.5	
	$D > 800$	±4.0	
壁厚减薄量	$t \leq 10$	0.18t，且不大于 1.5	用卡尺和测厚仪检查
	$10 < t \leq 16$	0.15t，且不大于 2.0	
	$16 < t \leq 22$	0.12t，且不大于 2.5	
	$22 < t \leq 45$	0.11t，且不大于 3.5	
	$t > 45$	0.08t，且不大于 4.0	
对口错边量	$t \leq 20$	1.0	用套模和游标卡尺检查
	$20 < t \leq 40$	2.0	
	$t > 40$	3.0	
焊缝余高		0~1.5	用焊缝量规检查

注：D 为焊接球的外径；t 为焊接球的壁厚。

17. 钢网架（桁架）用钢管杆件加工的允许偏差应符合表 2-32 的规定。

检查数量：每种规格抽查 10%，且不应少于 5 根。

检验方法：见表 2-32。

表 2-32 钢网架（桁架）用钢管杆件加工的允许偏差 (mm)

项目	允许偏差	检验方法
长度	±1.0	用钢尺和百分表检查
端面对管轴的垂直度	0.005r	用百分表 V 形块检查
管口曲线	1.0	用套模和游标卡尺检查

18. A、B 级螺栓孔（Ⅰ类孔）应具有 H12 的精度，孔壁表面粗糙度 Ra 不应大于 12.5μm。其孔径的允许偏差应符合表 2-33 的规定。

表 2-33 A、B 级螺栓孔径的允许偏差 (mm)

螺栓公称直径、螺栓孔直径	螺栓公称直径允许偏差	螺栓孔直径允许偏差
10~18	0.00 −0.21	+0.18 0.00
18~30	0.00 −0.21	+0.21 0.00
30~50	0.00 −0.25	+0.25 0.00

C 级螺栓孔（Ⅱ类孔），孔壁表面粗糙度 Ra 不应大于 $25\mu m$，其允许偏差应符合表 2-34 的规定。

检查数量：按钢构件数量抽查 10%，且不应少于 3 件。

检验方法：用游标卡尺或孔径量规检查。

表 2-34　C 级螺栓孔的允许偏差（mm）

项目	允许偏差
直径	+1.0 0.0
圆度	2.0
垂直度	0.03t，且不应大于 2.0

19. 螺栓孔孔距的允许偏差应符合表 2-35 的规定。

检查数量：按钢构件数量抽查 10%，且不应少于 3 件。

检验方法：用钢尺检查。

表 2-35　螺栓孔孔距允许偏差（mm）

螺栓孔孔距范围	≤500	501~1200	1201~3000	>3000
同一组内任意两孔间距离	±1.0	±1.5	—	—
相邻两组的端孔间距离	±1.5	±2.0	±2.5	±3.0

注：1. 在节点中连接板与一根杆件相连的所有螺栓孔为一组；

　　2. 对接接头在拼接板一侧的螺栓孔为一组；

　　3. 在两相邻节点或接头间的螺栓孔为一组，但不包括上述两款所规定的螺栓孔；

　　4. 受弯构件翼缘上的连接螺栓孔，每米长度范围内的螺栓孔为一组。

20. 螺栓孔孔距的允许偏差超过《钢结构工程施工质量验收标准》（GB 50205—2020）表 7.7.2 规定的允许偏差时，应采用与母材材质相匹配的焊条补焊后重新制孔。

检查数量：全数检查。

检验方法：观察。

五、钢构件组装工程

1. 本节适用于钢结构制作中构件组装的质量验收。

2. 钢构件组装工程可按钢结构制作工程检验批的划分原则划分为一个或若干个检验批。

3. 焊接 H 型钢的翼缘板拼接缝和腹板拼接缝的间距不应小于 200mm。翼缘板拼接长度不应小于 2 倍板宽；腹板拼接宽度不应小于 300mm，长度不应小于 600mm。

检查数量：全数检查。

检验方法：观察和用钢尺检查。

4. 焊接 H 型钢的允许偏差应符合《钢结构工程施工质量验收标准》（GB 50205—2020）中 8.3.2 的规定。

检查数量：按钢构件数抽查 10％，且不应少于 3 件。

检验方法：用钢尺、角尺、塞尺等检查。

5. 吊车梁和吊车桁架不应下挠。

检查数量：全数检查。

检验方法：构件直立，在两端支承后，用水准仪和钢尺检查。

6. 焊接连接组装的允许偏差应符合《钢结构工程施工质量验收标准》（GB 50205—2020）中 8.3.3 的规定。

检查数量：按构件数抽查 10％，且不应少于 3 个。

检验方法：用钢尺检验。

7. 顶紧接触面应有 75％以上的面积紧贴。

检查数量：按接触面的数量抽查 10％，且不应少于 10 个。

检验方法：用 0.3mm 塞尺检查，其塞入面积应小于 25％，边缘间隙不应大于 0.8mm。

8. 桁架结构杆件轴线交点错位的允许偏差不得大于 3.0mm，允许偏差不得大于 4.0mm。

检查数量：按构件数抽查 10％，且不应少于 3 个，每个抽查构件按节点数抽查 10％，且不应少于节点。

检验方法：用尺量检查。

9. 端部铣平的允许偏差应符合表 2-36 的规定。

检查数量：按铣平面数量抽查 10％，且不应少于 3 个。

检验方法：用钢尺、角尺、塞尺等检查。

表 2-36　端部铣平的允许偏差（mm）

项目	允许偏差
两端铣平时构件长度	±2.0
两端铣平时零件长度	±0.5
铣平面的平面度	0.3
铣平面对轴线的垂直度	$l/1500$

10. 安装焊缝坡口的允许偏差应符合表 2-37 的规定。

检查数量：按坡口数量抽查 10％，且不应少于 3 条。

检验方法：用焊缝量规检查。

表 2-37　安装焊缝坡口的允许偏差

项目	允许偏差
坡口角度	±5°
钝边	±1.0mm

11. 外露铣平面应防锈保护。

检查数量：全数检查。

检验方法：观察。

12. 钢构件外形尺寸主控项目的允许偏差应符合表 2-38 的规定。

检查数量：全数检查。

检验方法：用钢尺检查。

表 2-38　钢构件外形尺寸主控项目的允许偏差 (mm)

项目	允许偏差
单层柱、梁、桁架受力支托（支承面）表面至第一个安装孔距离	±1.0
多节柱铣平面至第一个安装孔距离	±1.0
实腹梁两端最外侧安装孔距离	±3.0
构件连接处的截面几何尺寸	±3.0
柱、梁连接处的腹板中心线偏移	2.0
受压构件（杆件）弯曲矢高	$l/1000$，且不应大 10.0

13. 钢构件外形尺寸一般项目的允许偏差应符合《钢结构工程施工质量验收标准》（GB 50205—2020）附录 C 中 8.5.1～8.5.9 的规定。

检查数量：按构件数量抽查 10%，且不应少于 3 件。

检验方法：见《钢结构工程施工质量验收标准》（GB 50205—2020）8.5.1～8.5.9。

六、钢构件预拼工程

1. 本节适用于钢构件预拼装工程的质量验收。

2. 钢构件预拼装工程可按钢结构制作工程检验批的划分原则划分为一个或若干个检验批。

3. 预拼装所用的支承凳或平台应测量找平，检查时应拆除全部临时固定和拉紧装置。

4. 进行预拼装的钢构件，其质量应符合设计要求和《钢结构工程施工质量验收标准》（GB 50205—2020）合格质量标准的规定。

5. 高强度螺栓和普通螺栓连接的多层板叠，应采用试孔器进行检查，并应符合下列规定：

（1）当采用比孔公称直径小 1.0mm 的试孔器检查时，每组孔的通过率不应小于 85%；

（2）当采用比螺栓公称直径大 0.3mm 的试孔器检查时，通过率应为 100%。

检查数量：按预拼装单元全数检查。

检验方法：采用试孔器检查。

6. 预拼装的允许偏差应符合《钢结构工程施工质量验收标准》（GB 50205—2020）的规定。

检查数量：按预拼装单元全数检查。

检验方法：见《钢结构工程施工质量验收标准》（GB 50205—2020）9.2。

七、单层钢结构安装工程

1. 本节适用于单层钢结构的主体结构、地下钢结构、檩条及墙架等次要构件、钢平台、钢梯、防护栏杆等安装工程的质量验收。

2. 单层钢结构安装工程可按变形缝或空间刚度单元等划分成一个或若干个检验批。地下钢结构可按不同地下层划分检验批。

3. 钢结构安装检验批应在进场验收和焊接连接、紧固件连接、制作等分项工程验收合格的基础上进行验收。

4. 安装的测量校正、高强度螺栓安装、负温度下施工及焊接工艺等，应在安装前进行工艺试验或评定，并应在此基础上制定相应的施工工艺或方案。

5. 安装偏差的检测，应在结构形成空间刚度单元并连接固定后进行。

6. 安装时，必须控制屋面、楼面、平台等的施工荷载，施工荷载和冰雪荷载等严禁超过梁、桁架、楼面板、屋面板、平台铺板等的承载能力。

7. 在形成空间刚度单元后，应及时对柱底板和基础顶面的空隙进行细石混凝土、灌浆料等二次浇灌。

8. 吊车梁或直接承受动力荷载的梁其受拉翼缘、吊车桁架或直接承受动力荷载的桁架其受拉弦杆上不得焊接悬挂物和卡具等。

9. 建筑物的定位轴线、基础轴线和标高、地脚螺栓的规格及其紧固应符合设计要求。

检查数量：按柱基数抽查 10%，且不应少于 3 个。

检验方法：用经纬仪、水准仪、全站仪和钢尺现场实测。

10. 基础顶面直接作为柱的支承面和基础顶面预埋钢板或支座作为柱的支承面时，其支承面、地脚螺栓（锚栓）位置的允许偏差应符合《钢结构工程施工质量验收标准》中表 10.2.2 规定。

检查数量：按柱基数抽查 10%，且不应少于 3 个。

检验方法：用经纬仪、水准仪、全站仪、水平尺和钢尺实测。

11. 采用座浆垫板时，座浆垫板的允许偏差应符合《钢结构工程施工质量验收标准》中表 10.2.3 规定。

检查数量：资料全数检查，按柱基数抽查 10%，且不应少于 3 件。

检验方法：用经纬仪、水准仪、全站仪、水平尺和钢尺实测。

12. 钢吊车梁或直接承受动力荷载的类似构件，其安装的允许偏差应符合《钢结构工程施工质量验收标准》（GB 50205—2020）中 10.4 的规定。

检查数量：按钢吊车梁数抽查 10%，且不应少于 3 榀。

检验方法：按《钢结构工程施工质量验收标准》（GB 50205—2020）中10.4的规定。

13. 檩条、墙架等次要构件安装的允许偏差应符合《钢结构工程施工质量验收标准》（GB 50205—2020）中10.7的规定。

检查数量：按同类构件数抽查10％，且不应少于3件。

检验方法：按《钢结构工程施工质量验收标准》（GB 50205—2020）中10.7的规定。

14. 钢平台、钢梯、栏杆安装应符合现行国家标准《固定式钢梯及平台安全要求》（GB 4053—2009）、《钢结构工程施工质量验收标准》（GB 50205—2020）的规定。钢平台、钢梯和防护栏杆安装的允许偏差应符合《钢结构工程施工质量验收标准》（GB 50205—2020）中10.8的规定。

检查数量：按钢平台总数抽查10％，栏杆、钢梯按总长度各抽查10％，但钢平台不应少于1个，栏杆不应少于5m，钢梯不应少于1跑。

检验方法：按《钢结构工程施工质量验收标准》（GB 50205—2020）中10.8的规定。

15. 现场焊缝组对间隙的允许偏差应符合表2-39的规定。

检查数量：按同类节点数抽查10％，且不应少于3个。

检验方法：用尺量检查。

表2-39 现场焊缝组对间隙的允许偏差（mm）

项目	允许偏差
无垫板间隙	+3.0 0
有垫板间隙	+3.0 −2.0

八、基础和支承面

1. 建筑物的定位轴线、基础上柱的定位轴线和标高、地脚螺栓（锚栓）的规格和位置、地脚螺栓（锚栓）紧固应符合设计要求。当设计无要求时，应符合表2-40的规定。

检查数量：按柱基数抽查10％，且不应少于3个。

检验方法：用经纬仪、水准仪、全站仪和钢尺实测。

表2-40 地脚螺栓（锚栓）的允许偏差（mm）

项目	容许偏差	备注
建筑物定位轴线	L/20000，且不应大于3.0	
基础上柱的定位轴线	1.0	
基础上柱底标高	±2.0	
地角螺栓（锚栓）位移	2.0	

2. 多层建筑以基础顶面直接作为柱的支承面，或以基础顶面预埋钢板或支座作为柱的支承面时，其支承面、地脚螺栓（锚栓）位置的允许偏差应符合《钢结构工程施工质量验收标准》（GB 50205—2020）表 10.2.2 的规定。

检查数量：按柱基数抽查 10%，且不应少于 3 个。

检验方法：用经纬仪、水准仪、全站仪、水平尺和钢尺实测。

3. 多层建筑采用座浆垫板时，座浆垫板的允许偏差应符合《钢结构工程施工质量验收标准》（GB 50205—2020）表 10.2.3 的规定。

检查数量：资料全数检查。按柱基数抽查 10%，且不应少于 3 个。

检验方法：用水准仪、全站仪、水平尺和钢尺实测。

4. 当采用杯口基础时，杯口尺寸的允许偏差应符合《钢结构工程施工质量验收标准》（GB 50205—2020）表 10.2.4 的规定。

检查数量：按基础数抽查 10%，且不应少于 4 处。

检验方法：观察及用尺量检查。

5. 地脚螺栓（锚栓）尺寸的允许偏差应符合《钢结构工程施工质量验收标准》（GB 50205—2020）表 10.2.5 的规定。地脚螺栓（锚栓）的螺纹应受到保护。

检查数量：按柱基数抽查 10%，且不应少于 3 个。

检验方法：用钢尺现场实测。

6. 钢构件应符合设计要求和本规范的规定。运输、堆放和吊装等造成的钢构件变形及涂层脱落，应进行矫正和修补。

检查数量：按构件数抽查 10%，且不应少于 3 个。

检验方法：用拉线、钢尺现场实测或观察。

7. 钢柱安装的允许偏差应符合表 2-41 的规定。

检查数量：标准柱全部检查；非标准柱抽查 10%，且不应少于 3 根。

检验方法：用全站仪或激光经纬仪和钢尺实测。

表 2-41　钢柱安装的允许偏差（mm）

项目	允许偏差
柱脚底座中心线对定位轴线偏移	5.0
柱子定位轴线	1.0
单节柱的垂直度	$h/1000$，且不应大于 10.0

8. 设计要求顶紧的节点，接触面不应少于 70% 紧贴，且边缘最大间隙不应大于 0.8mm。

检查数量：按节点数抽查 10%，且不应少于 3 个。

检验方法：用钢尺及 0.3mm 和 0.8mm 厚的塞尺现场实测。

9. 钢主梁、次梁及受压杆件的垂直度和侧向弯曲矢高的允许偏差应符合《钢结构工程施工质量验收标准》（GB 50205—2020）表 10.4 中有关钢屋（托）架允许偏差的规定。

检查数量：按同类构件数抽查 10％，且不应少于 3 个。

检验方法：用吊线、拉线、经纬仪和钢尺现场实测。

10．多层及高层钢结构主体结构的整体垂直度和整体平面弯曲的允许偏差应符合表 2-42 的规定。

检查数量：对主要立面全部检查。对每个所检查的立面，除两列角柱外，尚应至少选取一列中间柱。

检验方法：对于整体垂直度，可采用激光经纬仪、全站仪测量，也可根据各节柱的垂直度允许偏差累计（代数和）计算。对于整体平面弯曲，可按产生的允许偏差累计（代数和）计算。

表 2-42　整体垂直度和整体平面弯曲的允许偏差（mm）

项目	允许偏差
主体结构的整体垂直度	$(H/2500+10.0)$，且不应大于 50.0
主体结构的整体平面弯曲	$L/1500$，且不应大于 25.0

11．钢结构表面应干净，结构主要表面不应有疤痕、泥沙等污垢。

检查数量：按同类构件数抽查 10％，且不应少于 3 件。

检验方法：观察。

12．钢柱等主要构件的中心线及标高基准点等标记应齐全。

检查数量：按同类构件数抽查 10％，且不应少于 3 件。

检验方法：观察。

13．钢构件安装的允许偏差应符合《钢结构工程施工质量验收标准》（GB 50205—2020）中第 10 章的规定。

检查数量：按同类构件或节点数抽查 10％。其中柱和梁各不应少于 3 件，主梁与次梁连接节点不应少于 3 个，支承压型金属板的钢梁长度不应少于 5m。

检验方法：按《钢结构工程施工质量验收标准》（GB 50205—2020）第 10 章的规定。

14．主体结构总高度的允许偏差应符合《钢结构工程施工质量验收标准》（GB 50205—2020）10.9 的规定。

检查数量：按标准柱列数抽查 10％，且不应少于 4 列。

检验方法：用全站仪、水准仪和钢尺实测。

15．当钢构件安装在混凝土柱上时，其支座中心对定位轴线的偏差不应大于 10mm；当采用大型混凝土屋面板时，钢梁（或桁架）间距的偏差不应大于 10mm。

检查数量：按同类构件数抽查 10％，且不应少于 3 榀。

检验方法：用拉线和钢尺现场实测。

16．多层及高层钢结构中钢吊车梁或直接承受动力荷载的类似构件，其安装的允许偏差应符合《钢结构工程施工质量验收标准》（GB 50205—2020）10.4 的规定。

检查数量：按钢吊车梁数抽查 10％，且不应少于 3 榀。

检验方法：按《钢结构工程施工质量验收标准》（GB 50205—2020）10.4 的规定。

17. 多层及高层钢结构中檩条、墙架等次要构件安装的允许偏差应符合《钢结构工程施工质量验收标准》（GB 50205—2020）10.7 的规定。

检查数量：按同类构件数抽查 10％，且不应少于 3 件。

检验方法：按《钢结构工程施工质量验收标准》（GB 50205—2020）10.7 的规定。

九、钢网架结构安装工程

1. 本节适用于建筑工程中的平板型钢网架结构（简称"钢网架结构"）安装工程的质量验收。

2. 钢网架结构安装工程可按变形缝、施工段或空间刚度单元划分成一个或若干检验批。

3. 钢网架结构安装检验批应在进场验收和焊接连接、紧固件连接、制作等分项工程验收合格的基础上进行验收。

4. 钢网架结构安装应遵照《钢结构工程施工质量验收标准》（GB 50205—2020）11.3 条的规定。

5. 钢网架结构支座定位轴线的位置、支座锚栓的规格应符合设计要求。

检查数量：按支座数抽查 10％，且不应少于 4 处。

检验方法：用经纬仪和钢尺实测。

6. 支承面顶板的位置、标高、水平度以及支座锚栓位置的允许偏差应符合表 2-43 的规定。

表 2-43　支承面顶板、支座锚栓位置的允许偏差（mm）

项目	允许偏差	
支承面顶板	位置	15.0
	顶面标高	0, −3.0
	顶面水平度	$l/1000$
支座锚栓	中心偏移	±5.0

检查数量：按支座数抽查 10％，且不应少于 4 处。

检验方法：用经纬仪、水准仪、水平尺和钢尺实测。

7. 支承垫块的种类、规格、摆放位置和朝向，必须符合设计要求和国家现行有关标准的规定。橡胶垫块与刚性垫块之间或不同类型刚性垫块之间不得互换使用。

检查数量：按支座数抽查 10％，且不应少于 4 处。

检验方法：观察和用钢尺实测。

8. 网架支座锚栓的紧固应符合设计要求。

检查数量：按支座数抽查 10%，且不应少于 4 处。

检验方法：观察。

9. 支座锚栓尺寸的允许偏差应符合《钢结构工程施工质量验收标准》的规定。支座锚栓的螺纹应受到保护。

检查数量：按支座数抽查 10%，且不应少于 4 处。

检验方法：用钢尺实测。

10. 小拼单元的允许偏差应符合表 2-44 的规定。

检查数量：按单元数抽查 5%，且不应少于 5 个。

检验方法：用钢尺和拉线等辅助量具实测。

11. 分条或分块单元的允许偏差应符合表 2-45 的规定。

检查数量：全数检查。

检验方法：用钢尺和辅助量具实测。

表 2-44　小拼单元的允许偏差 (mm)

项目		允许偏差
节点中心偏移	$D \leqslant 500$	2.0
	$D > 500$	3.0
杆件中心与节点中心的偏移	$d\ (b) \leqslant 200$	2.0
	$d\ (b) > 200$	3.0
杆件轴线的弯曲矢高	—	$l_1/1000$，且不大于 5.0
网格尺寸	$l \leqslant 5000$	±2.0
	$l > 5000$	±3.0
锥体（桁架）高度	$h \leqslant 5000$	±2.0
	$h > 5000$	±3.0
对角线尺寸	$A \leqslant 7000$	±3.0
	$A > 7000$	±4.0
平面桁架节点处杆件轴线错位	$d\ (b) \leqslant 200$	2.0
	$d\ (b) > 200$	3.0

注：D 为节点直径，d 为杆件直径，b 为杆件截面边长，l_1 为杆件长度，l 为网格尺寸，h 为锥体（桁架）高度，A 为网格对角线尺寸。

表 2-45　分条或分块单元拼装长度的允许偏差 (mm)

项目	允许偏差
分条、分块单元长度≤20m	±10.0
分条、分块单元长度>20m	±20.0

12. 对建筑结构安全等级为一级、跨度 40m 及以上的公共建筑钢网架结构，且设计有要求时，应按下列项目进行节点承载力试验，其结果应符合以下规定：

1. 焊接球节点应按设计指定规格的球及其匹配的钢管焊接成试件，进行轴心拉、压承载力试验，其试验破坏荷载值大于或等于 1.6 倍设计承载力为合格。

2. 螺栓球节点应按设计指定规格的球最大螺栓孔螺纹进行抗拉强度保证荷载试验，当达到螺栓的设计承载力时，螺孔、螺纹及封板仍完好无损为合格。

检查数量：每项试验做 3 个试件。

检验方法：在万能试验机上进行检验，检查试验报告。

13. 钢网架结构总拼完成后及屋面工程完成后应分别测量其挠度值，且所测的挠度值不应超过相应设计值的 1.15 倍。

检查数量：跨度 24m 及以下钢网架结构测量下弦中央一点；跨度 24m 以上钢网架结构测量下弦中央一点及各向下弦跨度的四等分点。

检验方法：用钢尺和水准仪实测。

14. 钢网架结构安装完成后，其节点及杆件表面应干净，不应有明显的疤痕、泥沙和污垢。螺栓球节点应将所有接缝用油腻子填嵌严密，并应将多余螺孔封口。

检查数量：按节点及杆件数抽查 5%，且不应少于 10 个节点。

检验方法：观察。

15. 钢网架结构安装完成后，其安装的允许偏差应符合表 2-46 的规定。

检查数量：除杆件弯曲矢高按杆件数抽查 5% 外，其余全数检查。

检验方法：见表 2-43。

表 2-46　钢网架、网壳结构安装的允许偏差（mm）

项目	允许偏差
纵向、横向长度	$\pm l/2000$，且不超过 ± 40.0
支座中心偏移	$l/3000$，且不大于 30.0
周边支承网架、网壳相邻支座高差	$l_1/400$，且不大于 15.0
多点支承网架、网壳相邻支座高差	$l_1/800$，且不大于 30.0
支座最大高差	30.0

十、压型金属板工程

1. 本节适用于压型金属板的施工现场制作和安装工程质量验收。

2. 压型金属板的制作和安装工程可按变形缝、楼层、施工段或屋面、墙面、楼面等划分为一个或若干个检验批。

3. 压型金属板安装应在钢结构安装工程检验批质量验收合格后进行。

4. 压型金属板成型后，其基板不应有裂纹。

检查数量：按计件数抽查 5%，且不应少于 10 件。

检验方法：观察和用 10 倍放大镜检查。

5. 有涂层、镀层压型金属板成型后，涂、镀层不应有肉眼可见的裂纹、剥落和擦痕等缺陷。

检查数量：按计件数抽查 5%，且不应少于 10 件。

检验方法：观察。

6. 压型钢板的尺寸允许偏差应符合表 2-47 的规定。

表 2-47　压型钢板制作的允许偏差（mm）

项目		允许偏差	
波高	截面高度≤70	±1.5	
	截面高度>70	±2.0	
		搭接型	扣合型、咬合型
覆盖宽度	截面高度≤70	+10.0 −2.0	+3.0 −2.0
	截面高度>70	+6.0 −2.0	+3.0 −2.0
板长		+9.0 0	
波距		±2.0	
横向剪切偏差（沿截面全宽 b）		$b/100$ 或 6.0	
侧向弯曲	在测量长度 l_1 范围内	20.0	

注：l_1 为测量长度，指板长扣除两端各 0.5m 后的实际长度（小于 10m）或扣除后任选 10m 的长度。

检查数量：按计件数抽查 5%，且不应少于 10 件。

检验方法：用拉线和钢尺检查。

7. 压型金属板成型后，表面应干净，不应有明显凹凸和折皱。

检查数量：按计件数抽查 5%，且不应少于 10 件。

检验方法：观察。

8. 压型铝合金板施工现场制作的允许偏差应符合表 2-48 的规定。

检查数量：按计件数抽查 5%，且不应少于 10 件。

检验方法：用钢尺、角尺检查。

表 2-48　压型铝合金板制作的允许偏差（mm）

项目	允许偏差	
波高	±3.0	
	搭接型	扣合型、咬合型
覆盖宽度	+10.0 −2.0	+3.0 −2.0
板长	+25.0 0	
波距	±3.0	

续表

项目		允许偏差
压型铝合金板 边缘波浪高度	每米长度内	≤5.0
压型铝合金板 纵向弯曲	每米长度内（距端 部250mm内除外）	≤5.0
压型铝合金板 侧向弯曲	每米长度内	≤4.0
	任意10m长度内	≤20

注：波高、波距偏差为3个～5个波的平均尺寸与其公称尺寸的差。

9. 压型金属板、泛水板和包角板等应固定可靠、牢固，防腐涂料涂刷和密封材料敷设应完好，连接件数量、间距应符合设计要求和国家现行有关标准规定。

检查数量：全数检查。

检验方法：观察及用尺量。

10. 压型金属板应在支承构件上可靠搭接，搭接长度应符合设计要求，且不应小于表2-49所规定的数值。

检查数量：按搭接部位总长度抽查10%，且不应少于10m。

检验方法：观察和用钢尺检查。

表 2-49　压型金属板在支承构件上的搭接长度（mm）

项目		搭接长度
屋面、墙面内层板		80
屋面外层板	屋面坡度≤10%	250
	屋面坡度>10%	200
墙面外层板		120

11. 组合楼板中压型钢板与主体结构（梁）的锚固支承长度应符合设计要求，且不应小于50mm，端部锚固件连接应可靠，设置位置应符合设计要求。

检查数量：沿连接纵向长度抽查10%，且不应少于10m。

检验方法：观察和用钢尺检查。

12. 压型金属板安装应平整、顺直，板面不应有施工残留物和污物。檐口和墙面下端应呈直线，不应有未经处理的错钻孔洞。

检查数量：按面积抽查10%，且不应少于10m²。

检验方法：观察。

13. 压型金属板安装的允许偏差应符合表2-50的规定。

检查数量：檐口与屋脊的平行度：按长度抽查10%，且不应少于10m；其他项目：每20m长度应抽查1处，不应少于2处。

检验方法：用拉线、吊线和钢尺检查。

表 2-50 压型金属板、泛水板、包角板和屋脊盖板安装的允许偏差 (mm)

	项目	允许偏差
屋面	檐口、屋脊与山墙收边的直线度；檐口与屋脊的平行度 (如有)；泛水板、屋脊盖板与屋脊的平行度 (如有)	12.0
	压型金属板板肋或波峰直线度；压型金属板板肋对屋脊的垂直度 (如有)	$L/800$，且不大于 25.0
	檐口相邻两块压型金属板端部错位	6.0
	压型金属板卷边板件最大波浪高	4.0
墙面	竖排板的墙板波纹线相对地面的垂直度	$H/800$，且不大于 25.0
	横排板的墙板波纹线与檐口的平行度	12.0
	墙板包角板相对地面的垂直度	$H/800$，且不大于 25.0
	相邻两块压型金属板的下端错位	6.0
组合楼板中压型钢板	压型金属板在钢梁上相邻列的错位 △	15.00

注：L 为屋面半坡或单坡长度；H 为墙面高度。

十一、钢结构涂装工程

1. 本节适用于钢结构的防腐涂料 (油漆类) 涂装和防火涂料涂装工程的施工质量验收。

2. 钢结构涂装工程可按钢结构制作或钢结构安装工程检验批的划分原则划分成一个或若干个检验批。

3. 钢结构普通涂料涂装工程应在钢结构构件组装、预拼装或钢结构安装工程检验批的施工质量验收合格后进行。钢结构防火涂料涂装工程应在钢结构安装工程检验批和钢结构普通涂料涂装检验批的施工质量验收合格后进行。

4. 涂装时的环境温度和相对湿度应符合涂料产品说明书的要求，当产品说明书无要求时，环境温度宜在 5~38℃ 之间，相对湿度不应大于 85%。涂装时构件表面不应有结露；涂装后 4h 内应保护免受雨淋。

5. 涂装前钢材表面除锈应符合设计要求和国家现行有关标准的规定。处理后的钢材表面不应有焊渣、焊疤、灰尘、油污、水和毛刺等。当设计无要求时，钢材表面除锈等级应符合表 2-51 的规定。

检查数量：按构件数抽查 10%，且同类构件不应少于 3 件。

检验方法：用铲刀检查和用国家标准《涂覆涂料前钢材表面处理 表面清洁度的目

视评定》（GB/T 8923—2011）规定的图片对照观察检查。

表 2-51　各种底漆或防锈漆要求最低的除锈等级

涂料品种	除锈等级
油性酚醛、醇酸等底漆或防锈漆	St3
高氯化聚乙烯、氯化橡胶、氯磺化聚乙烯、环氧树脂、聚氨酯等底漆或防锈漆	Sa2½
无机富锌、有机硅、过氯乙烯等底漆	$Sa2^1/_2$

6. 涂料、涂装遍数、涂层厚度均应符合设计要求。当设计对涂层厚度无要求时，涂层干漆膜总厚度室外应为 $150\mu m$，室内应为 $125\mu m$，其允许偏差为 $-25\mu m$。每遍涂层干漆膜厚度的允许偏差为 $-5\mu m$。

检查数量：按构件数抽查 10%，且同类构件不应少于 3 件。

检验方法：用干漆膜测厚仪检查。每个构件检测 5 处，每处的数值为 3 个相距 50mm 测点涂层干漆膜厚度的平均值。

7. 构件表面不应误涂、漏涂，涂层不应脱皮和返锈等。涂层应均匀、无明显皱皮、流坠、针眼和气泡等。

检查数量：全数检查。

检验方法：观察。

8. 当钢结构处在有腐蚀介质环境或外露且设计有要求时，应进行涂层附着力测试，在检测处范围内，当涂层完整程度达到 70% 以上时，涂层附着力达到合格质量标准的要求。

检查数量：按构件数抽查 1%，且不应少于 3 件，每件测 3 处。

检验方法：按照国家标准《漆膜划圈试验》（GB/T 1720）或《色漆和清漆 划格试验》（GB/T 9286）执行。

9. 涂装完成后，构件的标志、标记和编号应清晰完整。

检查数量：全数检查。

检验方法：观察。

10. 防火涂料涂装前钢材表面除锈及防锈底漆涂装应符合设计要求和国家现行有关标准的规定。

检查数量：按构件数抽查 10%，且同类构件不应少于 3 件。

检验方法：表面除锈用铲刀检查和用国家标准《涂覆涂料前钢材表面处理　表面清洁度的目视评定　第 1 部分：未涂覆过的钢材表面和全面清除原有涂层后的钢材表面的锈蚀等级和处理等级》（GB/T 8923.1—2011）规定的图片对照观察检查。底漆涂装用干漆膜测厚仪检查，每个构件检测 5 处，每处的数值为 3 个相距 50mm 测点涂层干漆膜厚度的平均值。

11. 钢结构防火涂料的黏结强度、抗压强度应符合标准《钢结构防火涂料应用技术标准》（T/CECS 24—2020）的规定。检验方法应符合标准《建筑构件用防火保护材料通用要求》（XF/T 110—2013）的规定。

检查数量：每使用 100t 或不足 100t 薄涂型防火涂料应抽检一次黏结强度；每使用 500t 或不足 500t 厚涂型防火涂料应抽检一次粘结强度和抗压强度。

检验方法：检查复检报告。

12. 薄涂型防火涂料的涂层厚度应符合有关耐火极限的设计要求。厚涂型防火涂料涂层的厚度，80% 及以上面积应符合有关耐火极限的设计要求，且最薄处厚度不应低于设计要求的 85%。

检查数量：按同类构件数抽查 10%，且均不应少于 3 件。

检验方法：用涂层厚度测量仪、测针和钢尺检查。测量方法应符合标准《钢结构防火涂料应用技术规范》（T/CECS 24—2020）及《钢结构工程施工质量验收标准》（GB 50205—2020）附录 E 的规定。

13. 薄涂型防火涂料涂层表面裂纹宽度不应大于 0.5mm；厚涂型防火涂料涂层表面裂纹宽度不应大于 1mm。

检查数量：按同类构件数抽查 10%，且均不应少于 3 件。

检验方法：观察和用尺量检查。

14. 防火涂料涂装基层不应有油污、灰尘和泥沙等污垢。

检查数量：全数检查。

检验方法：观察。

15. 防火涂料不应有误涂、漏涂，涂层应闭合无脱层、空鼓、明显凹陷、粉化松散和浮浆等外观缺陷，乳突已剔除。

检查数量：全数检查。

检验方法：观察。

十二、钢结构分部工程竣工验收

1. 根据国家标准《建筑工程施工质量验收统一标准》（GB 50300—2013）的规定，钢结构作为主体结构之一应按子分部工程竣工验收；当主体结构均为钢结构时应按分部工程竣工验收。大型钢结构工程可划分成若干个子分部工程进行竣工验收。

2. 钢结构分部工程有关安全及功能的检验和见证检测项目见《钢结构工程施工质量验收标准》（GB 50205—2020），检验应在其分项工程验收合格后进行。

3. 钢结构分部工程有关观感质量检验应按《钢结构工程施工质量验收标准》（GB 50205—2020）附录 G 执行。

4. 钢结构分部工程合格质量标准应符合下列规定：

（1）各分项工程质量均应符合合格质量标准；

（2）质量控制资料和文件应完整；

（3）有关安全及功能的检验和见证检测结果应符合见《钢结构工程施工质量验收

标准》（GB 50205—2020）相应合格质量标准的要求；

（4）有关观感质量应符合见《钢结构工程施工质量验收标准》（GB 50205—2020）相应合格质量标准的要求。

5. 钢结构分部工程竣工验收时，应提供下列文件和记录：

（1）钢结构工程竣工图纸及相关设计文件；

（2）施工现场质量管理检查记录；

（3）有关安全及功能的检验和见证检测项目检查记录；

（4）有关观感质量检验项目检查记录；

（5）分部工程所含各分项工程质量验收记录；

（6）分项工程所含各检验批质量验收记录；

（7）强制性条文检验项目检查记录及证明文件；

（8）隐蔽工程检验项目检查验收记录；

（9）原材料、成品质量合格证明文件、中文标志及性能检测报告；

（10）不合格项的处理记录及验收记录；

（11）重大质量、技术问题实施方案及验收记录；

（12）其他有关文件和记录。

6. 钢结构工程质量验收记录应符合下列规定：

（1）施工现场质量管理检查记录可按国家标准《建筑工程施工质量验收统一标准》（GB 50300—2013）中附录 A 进行；

（2）分项工程检验批验收记录可按《钢结构工程施工质量验收标准》（GB 50205—2020）附录 H 中表 H.0.1～表 H.0.15 进行；

（3）分项工程验收记录可按国家标准《建筑工程施工质量验收统一标准》（GB 50300—2013）中附录 F 进行；

（4）分部（子分部）工程验收记录可按国家标准《建筑工程施工质量验收统一标准》（GB 50300—2013）中附录 G 进行。

第四节　屋面工程

一、屋面工程施工前，施工单位应进行图纸会审，并应编制屋面工程施工方案或技术措施。

二、屋面工程所采用的防水、保温隔热材料应有产品合格证书和性能检测报告，材料的品种、规格、性能等应符合现行国家产品标准和设计要求。材料进场后，应按《屋面工程质量验收规范》（GB 50207—2012）附录 A 和附录 B 的规定抽样复验，并提出试验报告；不合格的材料，不得在屋面工程中使用。

三、屋面工程完工后，应按规范的有关规定对细部构造、接缝、保护层等进行外观检验，并应进行淋水或蓄水检验。

四、找平层的排水坡度应符合设计要求。平屋面采用结构找坡不应小于 3%，采用材料找坡宜为 2%；天沟、檐沟纵向找坡不应小于 1%，沟底水落差不得超过 200mm。

五、基层与突出屋面结构（女儿墙、山墙、天窗壁、变形缝、烟囱等）的交接处和基层的转角处，找平层均应做成圆弧形，圆弧半径应符合表 2-52 的要求。内部排水的水落口周围，找平层应做成略低的凹坑。

表 2-52　转角处圆弧半径

卷材种类	圆弧半径（mm）
沥青防水卷材	100~150
高聚物改性沥青防水卷材	50
合成高分子防水卷材	20

六、找平层宜设分格缝，并嵌填密封材料。分格缝应留设在板端缝处，其纵横缝的最大间距：水泥砂浆或细石混凝土找平层，不宜大于 6m；沥青砂浆找平层，不宜大于 4m。

七、屋面保温层

1. 保温层应干燥，封闭式保温层的含水率应相当于该材料在当地自然风干状态下的平衡含水率。

2. 屋面保温层干燥有困难时，应采用排汽措施。

3. 保温层施工完成后，应及时进行找平层和防水层的施工；雨期施工时，保温层应采取遮盖措施。

八、卷材防水层

1. 卷材防水层应采用高聚物性沥青防水卷材、合成高分子防水卷材或沥青防水卷材。所选用的基层处理剂、接缝胶黏剂、密封材料等配套材料应与铺贴的卷材料性相容。

2. 在坡度大于 25% 的屋面上采用卷材做防水层时，应采取固定措施。固定点应密封严密。

3. 卷材铺贴方向应符合下列规定：

（1）屋面坡度小于 3% 时，卷材宜平行屋脊铺贴；

（2）屋面坡度在 3%~15% 时，卷材可平行或垂直屋脊铺贴；

（3）屋面坡度大于 15% 或屋面受震动时，沥青防水卷材应垂直屋脊铺贴，高聚物改性沥青防水卷材和合成高分子防水卷材可平行或垂直屋脊铺贴。

4. 冷黏法铺贴卷材应符合下列规定：

（1）铺贴的卷材下面的空气应排尽，并辊压粘结牢固；

（2）铺贴卷材应平整顺直，搭接尺寸准确，不得扭曲、折皱；

（3）接缝口应用密封材料封严，宽度不应小于 10mm。

5. 热熔法铺贴卷材应符合下列规定：

（1）火焰加热器加热卷材应均匀，不得过分加热或烧穿卷材；

（2）卷材表面热熔后应立即滚铺卷材，卷材下面的空气应排尽，并辊压黏结牢固，不得空鼓；

（3）卷材接缝部位必须溢出热熔的改性沥青胶；

（4）铺贴的卷材应平整顺直，搭接尺寸准确，不得扭曲、折皱。

6. 自黏法铺贴卷材应符合下列规定：

（1）铺贴卷材前基层表面应均匀涂刷基层处理剂，干燥后应及时铺贴卷材；

（2）铺贴卷材时，应将自黏胶底面的隔离纸全部撕净；

（3）卷材下面的空气应排尽，并辊压黏结牢固；

（4）铺贴的卷材应平整顺直，搭接尺寸准确，不得扭曲、折皱。搭接部位宜采用热风加热，随即黏贴牢固；

（5）接缝口应用密封材料封严，宽度不应小于 10mm。

7. 卷材防水层不得有渗漏或积水现象。

检验方法：雨后或淋水、蓄水检验。

九、涂膜防水屋面工程

1. 防水涂膜施工应符合下列规定：

（1）涂膜应根据防水涂料的品种分层分遍涂布，不得一次涂成；

（2）先涂的涂层干燥成膜后，方可涂后一遍涂料。

2. 多组分涂料应按配合比准确计量，搅拌均匀，并应根据有效时间确定使用量。

3. 天沟、檐沟、檐口、泛水和立面涂膜防水层的收头，应用防水涂料多遍涂刷或用密封材料封严。

4. 涂膜防水层不得有渗漏或积水现象。

5. 卷材或涂膜防水层在天沟、檐沟与屋面交接处、泛水、阴阳角等部位，应增加卷材或涂膜附加层。

6. 伸出屋面管道的防水构造应符合下列要求：

（1）管道根部直径 500mm 范围内，找平层应抹出高度不小于 30mm 的圆台；

（2）管道周围与平层或细石混凝土防水层之间，应预留 20mm×20mm 的凹槽，并用密封材料嵌填严密；

（3）管道根部四周应增设附加层，宽度和高度均不应小于 300mm；

（4）管道上的防水层收头处应用金属箍紧固，并用密封材料封严。

十、平瓦屋面

1. 本节适用于防水等级为Ⅱ、Ⅲ级以上坡度不小于 20％的屋面。

2. 平瓦屋面与立墙及突出屋面结构等交接处，均应做泛水处理。天沟、檐沟的防水层，应采用合成高分子防水卷材、高聚物性沥青防水卷材、沥青防水卷材、金属板材或塑料板材等材料铺设。

3. 平瓦屋面的有关尺寸应符合下列要求：

（1）脊瓦在两坡面瓦上的搭盖宽度，每边不小于 40mm；

（2）瓦伸入天沟、檐沟的长度为 50～70mm；

（3）天沟、檐沟的防水层伸入瓦内宽度不小于 150mm；

（4）瓦头挑出封檐板的长度为 50～70mm；

（5）突出屋面的墙或烟囱的侧面瓦伸入泛水宽度不小于 50mm

4. 平瓦及其脊瓦的质量必须符合设计要求。

检验方法：观察，检查出厂合格证和质量检验报告。

5. 平瓦必须铺置牢固。地震设防地区或坡度大于 50％的屋面，应采取固定加强措施。

检验方法：观察和手扳检查。

6. 挂瓦条应分档均匀，铺钉平整、牢固；瓦面平整，行列整齐，搭接紧密，檐口平直。

检验方法：观察。

7. 脊瓦应搭盖正确，间距均匀，封固严密；屋脊和斜脊应顺直，无起伏现象。

检验方法：观察和手扳检查。

8. 泛水做法应符合设计要求，顺直整齐，结合严密，无渗漏。

检验方法：观察，雨后或淋水检验。

十一、架空屋面

1. 架空隔热层的高度应按照屋面宽度或坡度大小的变化确定。如设计无要求，一般以 100～300mm 为宜。当屋面宽度大于 10m 时，应设置通风屋脊。

2. 架空隔热制品支座底面的卷材、涂膜防水层上应采用加强措施，操作时不得损坏已完工的防水层。

3. 架空隔热制品的质量应符合下列要求：

（1）非上人屋面的黏土砖强度等级不应低于 MU7.5；上人屋面的黏土砖强度不应低于 MU10；

（2）混凝土板的强度等级不应低于 C20，板内宜加放钢丝网片。

4. 架空隔热制品的质量必须符合设计要求，严禁有断裂和露筋等缺陷。

检验方法：观察并检查构件合格证或试验报告。

5. 架空隔热制品的铺设应平整、稳固，缝隙勾填应密实；架空隔热制品距山墙或女儿墙不得小于 250mm，架空层中不得堵塞，架空高度及变形缝做法应符合设计要求。

检验方法：观察和用尺量检查。

6. 相邻两块制品的高低差不得大于 3mm。

检验方法：用直尺和楔形塞尺检查。

十二、分部工程验收

1. 屋面工程施工应按工序或分项工程进行验收，构成分项工程的各检验批应符合相应质量标准的规定。

2. 屋面工程隐蔽验收记录应包括以下主要内容：

（1）卷材、涂膜防水层的基层；

（2）密封防水处理部位；

（3）天沟、檐沟、泛水和变形缝等细部做法；

（4）卷材、涂膜防水层的搭接宽度和附加层；

（5）刚性保护层与卷材、涂膜防水层之间设置的隔离层。

3. 屋面工程质量应符合下列要求：

（1）防水层不得有渗漏或积水现象；

（2）使用的材料应符合设计要求和质量标准的规定；

（3）找平层表面应平整，不得有酥松、起砂、起皮现象；

（4）保温层的厚度、含水率和表观应符合设计要求；

（5）天沟、檐沟、泛水和变形缝等构造，应符合设计要求；

（6）卷材铺贴方法和搭接顺序应符合设计要求，搭接宽度正确，接缝严密，不得有褶皱、鼓泡和翘边现象；

（7）涂膜防水层的厚度应符合设计要求，涂层无裂纹、褶皱、流淌、鼓泡和露胎体现象；

（8）刚性防水层表面应平整、压光，不起砂、不起皮、不开裂。分格缝应平直，位置正确；

（9）嵌缝密封材料应与两侧基层粘牢，密封部位光滑、平直，不得有开裂、鼓泡、下塌现象；

（10）平瓦屋面的基层应平整、牢固，瓦片排列整齐、平直，搭接合理，接缝严密，不得有残缺瓦片。

4. 检查屋面有无渗漏、积水和排水系统是否畅通，应在雨后或持续淋水 2h 后进行。有可能做蓄水检验的屋面，其蓄水时间不应少于 24h。

第五节　建筑节能工程

一、承担建筑节能工程的施工企业应具备相应的资质，施工现场应建立相应的质量管理体系、施工质量控制和检验制度，具有相应的施工技术标准。

二、设计变更不得降低建筑节能效果。当设计变更涉及建筑节能效果时，该项变更应经原施工图设计审查机构审查，在实施前应办理设计变更手续，并获得监理或建设单位的确认。

三、建筑节能工程采用的新技术、新设备、新材料、新工艺，应按照有关规定进行评审、鉴定及备案。施工前应对新的或首次采用的施工工艺进行评价，并制订专门的施工技术方案。

四、单位工程的施工组织设计应包括建筑节能工程施工内容。建筑节能工程施工前，施工单位应编制建筑节能工程施工方案并经监理（建设）单位审查批准。施工单位应对从事建筑节能工程施工作业的人员进行技术交底和必要的实际操作培训。

五、建筑节能工程使用的材料、设备等，必须符合设计要求及国家有关标准的规定。严禁使用国家明令禁止使用与淘汰的材料和设备。

材料和设备进场验收应遵守下列规定：

1. 对材料和设备的品种、规格、包装、外观和尺寸等进行检查验收，并应经监理工程师（建设单位代表）确认，形成相应的验收记录。

2. 对材料和设备的质量证明文件进行核查，并应经监理工程师（建设单位代表）确认，纳入工程技术档案。进入施工现场用于节能工程的材料和设备均应具有出厂合格证、中文说明书及相关性能检测报告；定型产品和成套技术应有型式检验报告，进口材料和设备应按规定进行出入境商品检验。

3. 现场配制的材料如保温浆料、聚合物砂浆等，应按设计要求或试验室给出的配合比配制。当未给出要求时，应按照施工方案和产品说明书配制。

六、建筑节能工程应当按照经审查合格的设计文件和经审批的建筑节能工程施工技术方案的要求施工。

1. 建筑节能工程施工前，对于采用相同建筑节能设计的房间和构造做法，应在现场采用相同材料和工艺制作样板间或样板件，经有关各方确认后方可进行施工。

2. 主体结构完成后进行施工的墙体节能工程，应在基层质量验收合格后施工，施工过程中应及时进行质量检查、隐蔽工程验收和检验批验收，施工完成后应进行墙体节能分项工程验收。与主体结构同时施工的墙体节能工程，应与主体结构一同验收。

3. 墙体节能工程的保温材料在施工过程中应采取防潮、防水等保护措施。

七、墙体节能工程使用的保温隔热材料，其导热系数、密度、抗压强度或压缩强度、燃烧性能应符合设计要求。

检验方法：核查质量证明文件及进场复验报告。

检查数量：全数检查。

八、墙体节能工程的施工，应符合下列规定：

1. 保温材料的厚度必须符合设计要求。

2. 保温板材与基层及各构造层之间的黏结或连接必须牢固。黏结强度和连接方式应符合设计要求。保温板材与基层的黏结强度应做现场拉拔试验。

3. 保温浆料应分层施工。当采用保温浆料做外保温时，保温层与基层之间及各层之间的黏结必须牢固，不应脱层、空鼓和开裂。

4. 当墙体节能工程的保温层采用预埋或后置锚固件固定时，锚固件数量、位置、锚固深度和拉拔力应符合设计要求。后置锚固件应进行锚固力现场拉拔试验。

检验方法：观察，手扳检查，保温材料的厚度采用钢针插入或剖开用尺量检查，黏结强度和锚固力核查试验报告，以及隐蔽工程验收记录。

检查数量：每个检验批抽查不少于 3 处。

九、保温砌块砌筑的墙体，应采用具有保温功能的砂浆砌筑。砌筑砂浆的强度等级应符合设计要求。砌体的水平灰缝饱满度不应低于 90%，竖直灰缝饱满度不应低于 80%。

检验方法：对照设计核查施工方案和砌筑砂浆强度试验报告。用百格网检查灰缝砂浆饱满度。

检查数量：每楼层的每个施工段至少抽查一次，每次抽查 5 处，每处不少于 3 个砌块。

十、严寒和寒冷地区外墙热桥部位，应按设计要求采取节能保温等隔断热桥措施。

检验方法：对照设计和施工方案观察检查，核查隐蔽工程验收记录。

检查数量：按不同热桥种类，每种抽查 20%，并不少于 5 处。

十一、当采用加强网作为防止开裂的措施时，加强网的铺贴和搭接应符合设计和施工方案的要求。表层砂浆抹压应密实，不得空鼓，加强网不得折皱、外露。

检验方法：观察，核查隐蔽工程验收记录。

检查数量：每个检验批抽查不少于 5 处，每处不少于 2m²。

十二、施工产生的墙体缺陷，如穿墙套管、脚手眼、孔洞等，应按照施工方案采取隔断热桥措施，不得影响墙体热工性能。

检验方法：对照施工方案观察检查。

检查数量：全数检查。

十三、墙体采用保温浆料时，保温浆料层宜连续施工；保温浆料厚度应均匀、接槎应平顺密实。

检验方法：观察，用尺量检查。

检查数量：每个检验批抽查 10%，并不少于 10 处。

十四、幕墙节能工程一般规定

1. 当幕墙节能工程采用隔热型材时，隔热型材生产厂家应提供型材所使用的隔热材料的力学性能和热变形性能试验报告。

2. 用于幕墙节能工程的材料、构件等，其品种、规格应符合设计要求和相关标准的规定。

检验方法：观察，用尺量检查，核查质量证明文件。

检查数量：按进场批次，每批随机抽取 3 个试样进行检查，质量证明文件应按照其出厂检验批进行核查。

3. 幕墙节能工程使用的保温隔热材料，其导热系数、密度、燃烧性能应符合设计要求。幕墙玻璃的传热系数、遮阳系数、可见光透射比、中空玻璃露点应符合设计要求。

检验方法：核查质量证明文件和复验报告。

检查数量：全数核查。

4. 幕墙节能工程使用的材料、构件等进场时，应对其下列性能进行复验，复验应为见证取样送检：

（1）保温材料：导热系数、密度；

（2）幕墙玻璃：可见光透射比、传热系数、遮阳系数、中空玻璃露点；

（3）隔热型材：抗拉强度、抗剪强度。

检验方法：进场时抽样复验，验收时核查复验报告。

检查数量：同一厂家的同一种产品抽查不少于一组。

5. 幕墙的气密性能指标应符合设计规定的等级要求。当幕墙面积大于 3000m² 或建筑外墙面积大于 50% 时，应现场抽取材料和配件，在检测试验室安装制作试件进行气密性能检测，检测结果应符合设计规定的等级要求。密封条应镶嵌牢固，位置正确，对接严密。单元幕墙板块之间的密封应符合设计要求。开启扇应关闭严密。

检验方法：观察及启闭检查；核查隐蔽工程验收记录、幕墙气密性能检测报告、见证记录。气密性能检测试件应包括幕墙的典型单元、典型拼缝、典型可开启部分。试件应按照幕墙工程施工图进行设计。试件设计应经建筑设计单位项目负责人、监理工程师同意并确认。气密性能的检测应按照国家现行有关标准的规定执行。

检查数量：核查全部质量证明文件和性能检测报告。现场观察及启闭检查按检验批抽查 30%，并不少于 5 件（处）。气密性能检测应对一个单位工程中面积超过 1000m² 的每一种幕墙均抽取一个试件进行检测。

6. 幕墙节能工程使用的保温材料，其厚度应符合设计要求，安装牢固，且不得松脱。

检验方法：对保温板或保温层采取针插法或剖开法，用尺量厚度；手扳检查。

检查数量：按检验批抽查 10%，并不少于 5 处。

7. 幕墙与周边墙体间的缝隙应采用弹性闭孔材料填充饱满，并应采用耐候胶密封胶密封。

检验方法：观察。

检查数量：每个检验批抽查 10%，并不少于 5 件（处）。

十五、门窗节能工程主控项目

1. 建筑外窗的气密性、保温性能、中空玻璃露点、玻璃遮阳系数和可见光透射比应符合设计要求。

检验方法：核查质量证明文件和复验报告。

检查数量：全数核查。

2. 建筑外窗进入施工现场时，应按地区类别对其下列性能进行复验，复验应为见证取样送检。

（1）严寒、寒冷地区：气密性、传热系数、中空玻璃露点；

（2）夏热冬冷地区：气密性、传热系数、玻璃遮阳系数、可见光透射比、中空玻璃露点；

（3）夏热冬暖地区：气密性、玻璃遮阳系数、可见光透射比、中空玻璃露点。

检验方法：随机抽样送检，核查复验报告。

检查数量：同一厂家、同一品种、同一类型的产品各抽查不少于3樘（件）。

十六、屋面节能工程一般规定

1. 屋面保温隔热工程的施工，应在基层质量验收合格后进行。施工过程中应及时进行质量检查、隐蔽工程验收和检验批验收，施工完成后应进行屋面节能分项工程验收。

2. 屋面保温隔热层施工完成后，应及时进行找平层和防水层的施工，避免保温层受潮、浸泡或受损。

3. 用于屋面节能工程的保温隔热材料，其品种、规格应符合设计要求和相关标准的规定。

检验方法：观察，用尺量检查，核查质量证明文件。

检查数量：按进场批次，每批随机抽取3个试样进行检查，质量证明文件应按照其出厂检验批进行核查。

4. 用于屋面节能工程的保温隔热材料，其导热系数、密度、抗压强度或压缩强度、燃烧性能应符合设计要求。

检验方法：核查质量证明文件及进场复验报告。

检查数量：全数检查。

5. 屋面保温隔热工程使用的保温隔热材料，进场时应对其导热系数、密度、抗压强度或压缩强度、燃烧性能进行复验，复验应为见证取样送检。

检验方法：随机抽样送检，核查复验报告。

检验数量：同一厂家同一品种的产品各抽查不少于3组。

十七、地面节能工程一般规定

1. 地面节能工程的施工，应在主体或基层质量验收合格后进行。施工过程中应及时进行质量检查、隐蔽工程验收和检验批验收，施工完成后应进行地面节能分项工程验收。

2. 用于地面节能工程的保温材料，其品种、规格应符合设计要求和相关标准的规定。

检验方法：观察，用尺量和称重检查，核查质量证明文件。

检查数量：按进场批次，每批随机抽取 3 个试样进行检查，质量证明文件应按照其出厂检验批进行核查。

3. 地面节能工程的保温材料，其导热系数、密度、抗压强度或压缩强度、燃烧性能必须符合设计要求。

检验方法：核查质量证明文件和复验报告。

检查数量：全数核查。

4. 地面节能工程采用的保温材料，进场时应对其导热系数、密度、抗压强度或压缩强度、燃烧性能进行复验，复验应为见证取样送检。

检验方法：随机抽样送检，核查复验报告。

检查数量：同一厂家同一品种的产品各抽查不少于 3 组。

5. 地面节能工程的施工质量应符合下列规定：

（1）保温板与基层之间、各构造层之间的黏结应牢固，缝隙应严密；

（2）保温浆料应分层施工；

（3）穿越地面直接接触室外空气的各种金属管道应按设计要求，采取隔断热桥的保温措施。

检验方法：观察，核查隐蔽工程验收记录。

检查数量：每个检验批抽查 2 处，每处 10 ㎡，穿越地面的金属管道处全数检查。

十八、采暖节能工程主控项目

1. 采暖系统节能工程采用的散热设备、阀门、仪表、管材、保温材料等产品进场时，应按照施工图设计要求对其类型、材质、规格及外观等进行验收，并应经监理工程师（建设单位代表）检查认可，且应形成相应的质量记录。各种产品和设备的质量证明文件和相关技术资料应齐全，并应符合国家有关标准的规定。

检验方法：观察，对照施工图设计要求核查质量证明文件和相关技术资料。

检查数量：按批次全数检查。

2. 采暖系统节能工程采用的散热器和保温材料等进场时，应对其下列技术性能参数进行复验，复验应为见证取样送检：

（1）散热器的单位散热量、金属热强度；

（2）保温材料的导热系数、密度、吸水率。

检验方法：现场随机抽样送检，核查复验报告。

检查数量：同一厂家、同一规格的散热器按其数量的 1％进行见证取样送检，但不得少于 2 组；同一厂家、同材质的保温材料见证取样送检的次数不得少于 2 次。

3. 采暖系统的安装应符合下列规定：

（1）采暖系统的制式，应符合设计要求。

（2）散热设备、阀门、过滤器、温度计及仪表应按设计要求安装齐全，不得随意增减和更换；

（3）室内温度调控装置、热计量装置、水力平衡装置以及热力入口装置的安装位置和方向应符合设计要求，并便于观察、操作和调试。

（4）温度调控装置和热计量装置安装后，采暖系统应能实现设计要求的分室（区）温度调控、分栋热计量和分户或分室（区）热量分摊的功能。

检验方法：观察。

检查数量：全数检查。

4. 采暖管道保温层和防潮层的施工应符合下列规定：

（1）保温层应采用不燃或难燃材料，其材质、规格与厚度等应符合设计要求；

（2）保温管壳的黏贴应牢固、铺设应平整。硬质或半硬质的保温管壳每节至少应用防腐金属丝或难腐织带或专用胶带捆扎、黏贴 2 道，其间距为 300~350mm，且捆扎、黏贴应紧密，无滑动、松弛及断裂现象；

（3）硬质或半硬质保温管壳的拼接缝隙不应大于 5mm，并用黏结材料勾缝填满；纵缝应错开，外层的水平接缝应设在侧下方；

（4）松散或软质保温材料应按规定的密度压缩其体积，疏密应均匀。毡类材料在管道上包扎时，搭接处不应有空隙；

（5）防潮层应紧密黏贴在保温层上，封闭良好，不得有虚黏、气泡、折皱、裂缝等缺陷，防潮层的敷设应有防止水、汽侵入的措施；

（6）防潮层的立管应由管道的低端向高端敷设，环向搭接缝应朝向低端；纵向搭接缝应位于管道的侧面，并顺水；

（7）卷材防潮层采用螺旋形缠绕的方式施工时，卷材的搭接宽度宜为 30~50mm；

（8）阀门及法兰部位的保温层结构应严密，且能单独拆卸并不得影响其操作功能。

检验方法：观察，用钢针刺入保温层，用尺量。

检查数量：按数量抽查 10%，且保温层不得小于 10 段，防潮层不得少于 10m，阀门等配件不得小于 5 个。

5. 采暖系统安装完成后，必须在采暖期内与热源进行联合试运转和调试。试运转和调试结果应符合设计要求，采暖房间温度相对于设计计算温度不得低于 2℃，且不高于 1℃。

检验方法：检查室内采暖系统试运转和调试记录。

检验数量：全数检查。

十九、通风与空调节能工程主控项目

1. 通风与空调系统节能工程所使用的设备、管道、阀门、仪表、绝热材料等产品进场时，应按照施工图设计要求对其类型、材质、规格及外观等进行验收，并应对下列产品的技术性能参数进行核查。验收与核查的结果应经监理工程师（建设单位代表）检查认可，并应形成相应的验收、核查记录。各种产品和设备的质量证明文件和相关技术资料应齐全，并应符合国家现行标准的规定。

（1）组合式空调机组、柜式空调机组、新风机组、单元式空调机组、热回收装置等设备的制冷量、热量、风量、风压、功率及额定热回收效率；

（2）风机的风量、风压、功率及其单位风量耗功率；

（3）成品风管的技术性能参数；

（4）自控阀门与仪表的技术性能参数。

检验方法：观察，检查技术资料和性能检测报告等质量证明文件与实物核对。

检验数量：全数检查。

2. 风机盘管机组和绝热材料进场时，应对其下列技术性能参数进行复验，复验应为见证取样送检。

（1）风机盘管机组的供冷量、供热量、风量、出口静压、噪声及功率；

（2）绝热材料的导热系数、密度、吸水率。

检验方法：现场随机抽样送检，核查复验报告。

检查数量：同一厂家的风机盘管机组按数量复验2％，但不得少于2台；同一厂家、同材质的绝热材料复验次数不得少于2次。

3. 通风与空调节能工程中的送、排风系统及空调风系统、空调水系统的安装，应符合下列规定：

（1）各系统的制式，应符合设计要求；

（2）各种设备、自控阀门与仪表应按设计要求安装齐全，不得随意增减和更换；

（3）水系统各分支管路水力平衡装置、温控装置与仪表的安装位置、方向应符合设计要求，并便于观察、操作和调试；

（4）空调系统安装完毕后应能进行分室（区）温度调控功能。对设计要求分栋、分区或分户（室）冷、热计量的建筑物，空调系统应能实现相应的计量功能。

检验方法：观察。

检查数量：全数检查。

4. 空调风管系统及部件绝热层和防潮层的施工应符合下列规定：

（1）绝热层应采用不燃或难燃材料，其材质、规格及厚度等应符合设计要求；

（2）绝热层与风管、部件及设备应紧密贴合，无裂缝、空隙等缺陷，且纵横向的接缝应错开；

（3）绝热层表面应平整，当采用卷材或板材时，其厚度允许偏差为5mm；采用涂抹或其他方式时，其厚度允许偏差为10mm；

（4）风管法兰部位绝热层的厚度，不应低于风管绝热层厚度的80％；

（5）风管穿楼板和穿墙处的绝热层应连续不间断；

（6）防潮层（包括绝热层的端部）应完整，且封闭良好，其搭接缝应顺水；

（7）带有防潮层隔汽层绝热材料的拼缝处，应用胶带封严，黏胶带的宽度不应小于50mm；

（8）风管系统部件的绝热，不得影响其操作功能。

检验方法：观察，用钢针刺入绝热层，用尺量检查。

检验数量：管道按轴线长度抽查 10%；风管穿楼板和穿墙处及阀门等配件抽查 10%，且不得小于 2 个。

5. 空调水系统管道及配件绝热层和防潮层的施工，应符合下列规定：

（1）绝热层应采用不燃或难燃材料，其材质、规格及厚度等应符合设计要求；

（2）绝热管壳的黏贴应牢固、铺设应平整。硬质或半硬质的绝热管壳每节至少应用防腐金属丝或难腐织带或专用胶带捆扎或黏贴 2 道，其间距为 300～350mm，且捆扎、黏贴应紧密，无滑动、松弛与断裂现象；

（3）硬质或半硬质绝热管壳的拼接缝隙，保温时不应大于 5mm、保冷时不应大于 2mm，并用黏结材料勾缝填满；纵缝应错开，外层的水平接缝应设在侧下方；

（4）松散或软质保温材料应按规定的密度压缩其体积，疏密应均匀；毡类材料在管道上包扎时，搭接处不应有空隙；

（5）防潮层与绝热层应结合紧密，封闭良好，不得有虚黏、气泡、褶皱、裂缝等缺陷；

（6）防潮层的立管应由管道的低端向高端敷设，环向搭接缝应朝向低端；纵向搭接缝应位于管道的侧面，并顺水；

（7）卷材防潮层采用螺旋形缠绕的方式施工时，卷材的搭接宽度宜为 30～50mm；

（8）空调冷热水管与穿楼板和穿墙处的绝热层应连续不间断，且绝热层与穿楼板和穿墙处的套管之间应用不燃材料填实，不得有空隙，套管两端应进行密封封堵；

（9）管道阀门、过滤器及法兰部位的绝热结构应能单独拆卸，且不得影响其操作功能。

检验方法：观察，用钢针刺入绝热层，用尺量检查。

检查数量：按数量抽查 10%，且绝热层不得小于 10 段，防潮层不得小于 10m，阀门等配件不得小于 5 个。

6. 空调水系统的冷热水管道与支、吊架之间应设置绝热衬垫，其厚度不应小于绝热层厚度，宽度应大于支、吊架支承面的宽度。衬垫的表面应平整，衬垫与绝热材料间应填实无空隙。

检验方法：观察，用尺量检查。

检查数量：按数量抽检 5%，且不得少于 5 处。

7. 通风与空调系统安装完毕，必须进行通风机和空调机组等设备的单机试运转和调试，并应进行系统的风量平衡调试。单机试运转和调试结果应符合设计要求；系统的总风量与设计风量试运转和调试结果应满足施工图设计要求和国家标准《通风与空调工程施工质量验收规范》（GB 50243—2016）的有关规定，且应经有检测资质的第三方检测并出具报告，合格后方可通过验收。

检验方法：观察，旁站，查阅试运转和调试记录。

检查数量：全数检查。

二十、空调与采暖系统冷热源及管网节能工程

1. 空调与采暖系统冷热源设备及其辅助设备、阀门、仪表、绝热材料等产品进场时，应按照施工图设计要求对其类型、规格和外观等进行检查验收，并应对下列产品的技术性能参数进行核查。验收与核查的结果应经监理工程师（建设单位代表）检查认可，并应形成相应的验收、核查记录。各种产品和设备的质量证明文件和相关技术资料应齐全，并应符合国家现行有关标准的规定。

（1）锅炉的单台容量及其额定热效率；

（2）热交换器的单台换热量；

（3）电机驱动压缩机的蒸汽压缩循环冷水（热泵）机组的额定制冷量（制热量）、输入功率、性能系数（COP）及综合部分负荷性能系数（IPLV）；

（4）电机驱动压缩机的单元式空气调节机、风管送风式和屋顶式空气调节机组的名义制冷量、输入功率及能效比（EER）；

（5）蒸汽和热水型溴化锂吸收式机组及直燃型溴化锂吸收式冷（温）水机组的名义制冷量、供热量、输入功率及性能系数；

（6）集中采暖系统热水循环水泵的流量、扬程、电机功率及耗电输热化（EHR）；

（7）空调冷热水系统循环水泵的流量、扬程、电机功率及输送能比（ER）；

（8）冷却塔的流量及电机功率；

（9）自控阀门与仪表的技术性能参数。

检验方法：观察，检查技术资料和性能检测报告等质量证明文件并与实物核对。

检查数量：全数核查。

2. 空调与采暖系统冷热源及管网节能工程的绝热管道、绝热材料进场时，应对绝热材料的导热系数、密度、吸水率等技术性能参数进行复验，复验应为见证取样送检。

检验方法：现场随机抽样送检，核查复验报告。

检查数量：同一厂家、同材质的绝热材料复验次数不得少于2次。

3. 空调与采暖系统冷热源设备和辅助设备及其管网系统的安装，应符合下列规定：

（1）管道系统的制式及其安装，应符合设计要求；

（2）各种设备、自控阀门与仪表应安装齐全，不得随意增减和更换；

（3）空调冷（热）水系统，应能实现设计要求的变流量或定流量运行；

（4）供热系统应能根据热负荷及室外温度的变化实现设计要求的集中质调节、量调节或质-量调节相结合的运行。

检验方法：观察。

检查数量：全数检查。

4. 冷热源侧的电动两通调节阀、水力平衡阀及冷（热）量计量装置等自控阀门与仪表的安装，应符合下列规定：

（1）规格、数量应符合设计要求；

（2）方向应正确，位置应便于操作和观察。

检验方法：观察。

检验数量：全数检查。

5. 空调与采暖系统的冷热源和辅助设备及其管网系统安装完毕后，系统试运转及调试必须符合下列规定：

（1）冷热源和辅助设备必须进行单机试运转及调试；

（2）冷热源和辅助设备必须同建筑物室内空调或采暖系统进行联合试运转及调试；

（3）联合试运转及调试结果应符合设计要求，且允许偏差或规定值应符合表 2-53 的有关规定。当联合试运转及调试不在制冷期或采暖期时，应先对表 2-53 中序号 2、3、5、6 四个项目进行检测，并在第一个制冷暖期内带冷（热）源补做序号 1、4 两个项目的检测。

表 2-53 联合试运转及调试检测项目与允许偏差或规定值

序号	检测项目	允许偏差或规定值
1	室内温度	冬季不得低于设计计算温度 2℃，且不应高于 1℃；夏季不得高于设计计算温度 2℃，且不应低于 1℃
2	供热系统室外管网的水力平衡度	0.9～1.2
3	供热系统的补水率	≤0.5%
4	室外管网的热输送效率	≥92%
5	空调机组的水流量	≤20%
6	空调系统冷热水、冷却水总流量	≤10%

检验方法：观察，核查试运转和调试记录。

检查数量：全数检查。

二十一、配电与照明节能工程

1. 照明光源、灯具及其附属装置的选择必须符合设计要求，进场验收时应对下列技术性能进行核查，并经监理工程师（建设单位代表）检查认可，形成相应的验收、核查记录。质量证明文件和相关技术资料应齐全，并应符合国家现行有关标准的规定。

（1）荧光灯灯具和高强度气体放电灯灯具的效率不应低于表 2-54 的规定。

表 2-54 荧光灯灯具和高强度气体放电灯灯具的效率允许值

灯具出光口形式	开敞式	保护罩（玻璃或塑料）		格栅	格栅或透光罩
		透明	磨砂、棱镜		
荧光灯灯具	75%	65%	55%	60%	—
高强度气体放电灯灯具	75%	—	—	60%	60%

（2）管型荧光灯镇流器能效限定值应不小于表 2-55 的规定。

表 2-55　镇流器能效限定值

标称功率（W）		18	20	22	30	32	36	40
镇流器能效 因数（BEF）	电感型	3.154	2.952	2.770	2.232	2.146	2.030	1.992
	电子型	4.778	4.370	3.998	2.870	2.678	2.402	2.270

（3）照明设备谐波含量限值应符合表 2-56 的规定。

表 2-56　照明设备谐波含量的限值

谐波次数 n	基波频率下输入电流百分比数表示的 最大允许谐波电流（%）
2	2
3	$30 \times \lambda$
5	10
7	7
9	5
$11 \leqslant n \leqslant 39$ （仅有奇次谐波）	3

注：λ 是电路功率因数。

检验方法：观察，检查技术资料和性能检测报告等质量证明文件与实物核对。

检查数量：全数核查。

2. 低压配电系统选择的电缆、电线截面不得低于设计值，进场时应对其截面和每芯导体电阻值进行见证取样送检。每芯导体最大电阻值应符合表 2-57 的规定。

表 2-57　不同标称截面的电缆、电线每芯导体最大电阻值

标称截面面积（mm²）	20℃时导体最大电阻（Ω/km）圆铜导体（不镀金属）
0.5	36
0.75	24.5
1.0	18.1
1.5	12.1
2.5	7.41
4	4.61
6	3.08
10	1.83
16	1.15
25	0.727
35	0.524
50	0.387

标称截面面积（mm²）	20℃时导体最大电阻（Ω/km）圆铜导体（不镀金属）
70	0.268
95	0.193
120	0.153
150	0.124
185	0.0991
240	0.0754
300	0.0601

第六节 绿色施工标准

绿色施工评价应以建筑工程项目施工过程为对象，以"四节一环保"为要素进行。绿色施工的评价贯穿整个施工过程，评价的对象可以是施工的任何阶段或分部分项工程。评价要素是环境保护、节材与材料资源利用、节水与水资源利用、节能与能源利用、节地与施工用地保护五个方面。

推行绿色施工的项目，应建立绿色施工管理体系和管理制度，实施目标管理，施工前应在施工组织设计和施工方案中明确绿色施工的内容和方法。

一、实施绿色施工，建设单位应履行下列职责：

1. 对绿色施工过程进行指导；

2. 编制工程概算时，依据绿色施工要求列支绿色施工专项费用；

3. 参与协调工程参建各方的绿色施工管理。

二、实施绿色施工，监理单位应履行下列职责：

1. 对绿色施工过程进行督促检查；

2. 参与施工组织设计施工方案的评审；

3. 见证绿色施工过程。

三、实施绿色施工，施工单位应履行下列职责：

1. 总承包单位对绿色施工过程负总责，专业承包单位对其承包工程范围内的绿色施工负责；

2. 项目经理为绿色施工第一责任人，负责建立工程项目的绿色管理体系，组织编制施工方案，并组织实施；

3. 进行绿色施工过程的检查和评价。

四、绿色施工应做到以下几点：

1. 根据绿色施工要求进行图纸会审和深化设计；

2. 施工组织设计及施工方案应有专门的绿色施工章节，绿色施工目标明确，内容应涵盖"四节一环保"要求；

3. 工程技术交底应包含绿色施工内容；

4. 建立健全绿色施工管理体系；

5. 对具体施工工艺技术进行研究，采用新技术、新工艺、新机具、新材料；

6. 建立绿色施工培训制度，并有实施记录；

7. 根据检查情况，制定持续改进措施。

五、发生下列事故之一，不得评为绿色施工合格项目：

1. 施工扰民造成严重社会影响。严重社会影响是指施工活动对附近居民的正常生活产生很大的影响的情况，如造成相邻房屋出现不可修复的损坏、交通道路破坏、光污染和噪声污染等，并引起群众性抵触的活动。

2. 工程死亡责任事故（施工生产安全死亡事故）；

3. 损失超过5万元的质量事故，并造成严重影响。造成严重影响是指直接经济损失达到5万元以上，发生相关方难以接受的工期延误情况；

4. 施工中因"四节一环保"问题被政府管理部门处罚；

5. 传染病、食物中毒等群体事故。

六、绿色施工评价宜按地基与基础工程、结构工程、装饰装修与机电安装工程这三个阶段进行。

七、绿色施工应依据环境保护、节材与材料资源利用、节水与水资源利用、节能与能源利用和节地与施工用地保护这五个要素进行评价。

八、针对不同地区或工程应进行环境因素分析，对评价指标进行增减，并列入相应评价要素。

九、绿色施工评价要素均包含控制项、一般项、优选项三类评价指标，并分为不合格、合格和优良三个等级。

十、应采集和保存过程管理资料、见证资料和自检评价记录等绿色施工资料。绿色施工资料是指与绿色施工有关的施工组织设计、施工方案、技术交底、过程控制和过程评价等相关资料，以及用于证明采取绿色施工措施，使用绿色建材和设备等相关资料。

十一、绿色施工评价框架体系如图2-2所示。

十二、现场施工标牌应包括环境保护内容。现场施工标牌是指工程概况牌、施工现场管理人员组织机构牌、入场须知牌、安全警示牌、安全生产牌、文明施工牌、消防保卫制度牌、施工现场总平面图、消防平面布置图等，其中应有保障绿色施工的相关内容。

十三、施工现场应在醒目位置设环境保护标志。施工现场醒目位置是指主入口、主要临街面、有毒有害物品堆放地等。

十四、应对文物古迹、古树名木采取有效保护措施。

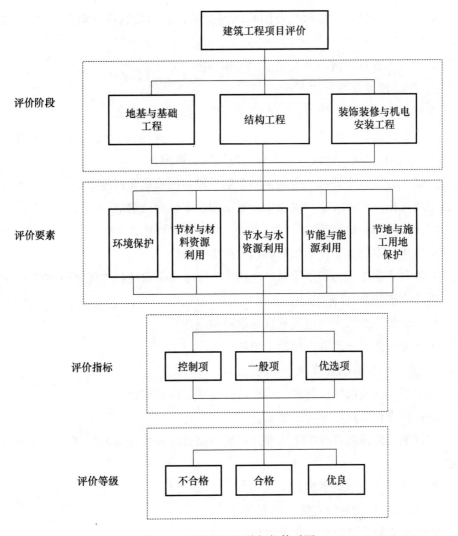

图 2-2　绿色施工评价框架体系图

十五、现场食堂有卫生许可证，有熟食留样，炊事员持有效健康证明。

十六、人员健康宜符合如下规定：

1. 施工作业区和生活办公区分开布置，生活设施远离有毒有害物质，临时办公区和生活区距有毒有害存放地一般为 50m，因场地限制不能满足要求时应采取隔离措施；

2. 生活区面积符合规定，并有消暑或保暖措施；

3. 应科学合理地安排现场工人劳动强度和工作时间；

4. 从事有毒、有害、有刺激性气味和强光、强噪声施工的人员佩戴护目镜、面罩等防护器具；

5. 深井、密闭环境、防水和室内装修施工有自然通风或临时通风设施；

6. 现场危险设备、危险地段、有毒物品存放地配置醒目安全标志，施工采取有效防毒、防污、防尘、防潮、通风等措施，加强人员健康管理；

7. 厕所、卫生设施、排水沟及阴暗潮湿地带，定期喷洒药水消毒和有除"四害"措施；

8. 食堂各类器具清洁，个人卫生、操作行为规范。

十七、扬尘控制宜符合如下规定：

1. 现场建立洒水清扫制度，配备洒水设备，并有专人负责；

2. 对裸露地面、集中堆放的土方采取抑尘措施，现场直接裸露土体表面和集中堆放的土方采用临时绿化、喷浆和隔尘布遮盖等抑尘措施；

3. 运送土方、渣土等易产生扬尘的车辆采取封闭或遮盖措施；

4. 现场进出口设冲洗池和吸湿垫，进出现场车辆保持清洁；

5. 易飞扬和细颗粒建筑材料封闭存放，余料及时回收；

6. 易产生扬尘的施工作业采取遮挡、抑尘等措施；

（该款为对于施工现场切割等易产生扬尘等作业所采取的扬尘控制措施要求。）

7. 拆除爆破作业有降尘措施；

8. 高空垃圾清运采用管道或垂直运输机械完成；

9. 现场使用散装水泥有密闭防尘措施。

十八、废气排放控制宜符合如下规定：

1. 进出场车辆及机械设备废气排放符合国家年检要求；

2. 不使用煤作为现场生活的燃料；

3. 电焊烟气的排放符合国家标准《大气污染物综合排放标准》（GB 16297—1996）的规定；

4. 不在现场燃烧木质下脚料。

十九、固体废弃物处置宜符合如下规定：

1. 固体废弃物分类收集，集中堆放；

2. 废电池、废墨盒等有毒有害的废弃物封闭回收，不与其他废弃物混放；

3. 有毒有害废物分类率达到 100%；

4. 垃圾桶分可回收利用与不可回收利用两类，定位摆放，定期清运；建筑垃圾回收利用率应达到 30%；

5. 碎石和土石方类等废弃物用做地基和路基填埋材料。

二十、污水排放宜符合如下规定：

1. 现场道路和材料堆放场周边设排水沟；

2. 工程污水和试验室养护用水经处理后排入市政污水管道；工程污水采取去泥沙、除油污、分解有机物、沉淀过滤、酸碱中和等针对性的处理方式，达标排放；

3. 现场厕、洗间设置化粪池；

4. 工地厨房设隔油池，定期清理。设置的现场沉淀池、隔油池、化粪池等及时清理，不发生堵塞、渗漏、溢出等现象。

二十一、光污染控制宜符合如下规定：

1. 夜间钢筋对焊和电焊作业时，采取遮光措施，钢结构焊接设置遮光棚；

2. 工地设置大型照明灯具时，有防止强光线外泄的措施。调整夜间施工灯光投射角度，避免影响周围居民正常生活。

二十二、噪声控制宜符合下列规定：

1. 采用先进机械、低噪声设备进行施工，定期保养维护；

2. 产生噪声的机械设备，尽量远离施工现场办公区、生活区和周边住宅区；

3. 混凝土输送泵、电锯房等设有吸声降噪屏或其他降噪措施；

4. 夜间施工噪声声强值符合国家有关规定；

5. 混凝土振捣时不得振动钢筋和钢模板；

6. 塔式起重机指挥使用对讲机传达指令，杜绝哨声指挥。

二十三、施工现场设置连续、密闭的围挡，围挡应采用硬质实体材料。

二十四、施工中开挖土方合理回填利用。现场开挖的土方在满足回填质量要求的前提下，就地回填使用，也可采用造景等其他利用方式，避免倒运。施工现场设置隔声设施。

二十五、现场设置可移动环保厕所，并定期清运、消毒。高空作业每隔 5~8 层设置一座移动环保厕所，施工场地内环保厕所足量配置，并定岗定人负责保洁。

二十六、现场应不定期请环保部门到现场检测噪声强度，所有施工阶段的噪声控制在国家标准《建筑施工场界环境噪声排放标准》（GB 12523—2011）限值内，详见表 2-58。

表 2-58　施工阶段的噪声限制

施工阶段	主要噪声源	噪声限值（dB）	
		昼间	夜间
土石方	推土机、挖掘机、装载机等	75	55
打桩	各种打桩机等	85	禁止施工
结构	混凝土、振捣棒、电锯等	70	55
装修	吊车、升降机等	60	55

二十七、现场有医务室，人员健康应急预案完善。施工组织设计有保证现场人员健康的应急预案，预案内容应涉及火灾、爆炸、高空坠落、物体打击、触电、机械伤害、坍塌、SARS、疟疾、禽流感、霍乱、登革热、鼠疫疾病等，一旦发生上述事件，现场能果断处理，避免事态扩大和蔓延。

二十八、基坑施工做到封闭降水。基坑降水不予控制，将会造成水资源浪费，改变地下水自然生态，还会造成基坑周边地面沉降和建筑物、构筑物损坏。所以基坑施工应尽量做到封闭降水。

二十九、工程降水后采用回灌法补水，并有防止地下水源污染的措施。地下水回灌就是将经处理后符合一定卫生标准的地面水直接或用人工诱导的方法引入地下含水层中去，以达到调节、控制和改造地下水体的目的。有研究表明，城市污水经过深度处理后可回灌地下水，不仅能缓解水资源短缺，还能增加地下水的存储量，扭转地下水位逐年下降的局面，防止地面沉降，具有非常明显的社会效益。

三十、现场采用喷雾设备降尘。现场拆除作业、爆破作业、钻孔作业和干旱燥热条件土石方施工应采用高空喷雾降尘设备减少扬尘。

三十一、建筑垃圾回收利用率应达到 50%。

三十二、工程污水采取去泥沙、除油污、分解有机物、沉淀过滤、酸碱中和等处理方式，实现达标排放。

三十三、节材与材料资源利用评价指标：

1. 根据就地取材的原则进行材料选择并有实施记录；

2. 机械保养、限额领料、废弃物再生利用等制度健全；

3. 施工选用绿色、环保材料，应建立合格供应商档案库，材料采购做到质量优良、价格合理，所选材料应符合以下规定：

（1）《民用建筑工程室内环境污染控制标准》（GB 50325—2020）要求；

（2）《室内装饰装修材料有害物质限量》（GB 18580～18588）要求；

（3）混凝土外加剂符合标准《混凝土外加剂中释放氨的限量》（GB 18588—2001）的要求，每 1m³ 混凝土由外加剂带入的碱含量小于或等于 1kg。

4. 临建设施采用可拆迁、可回收材料；

5. 利用粉煤灰、矿渣、外加剂等新材料，降低混凝土及砂浆中的水泥用量。

三十四、材料节约

1. 采用管件合一的脚手架和支撑体系；

2. 采用工具式模板和新型模板材料，如铝合金、塑料、玻璃钢和其他可再生材质的大模板和钢框镶边模板；

3. 材料运输方法科学，运输损耗率低；

4. 优化线材下料方案；

5. 面材、块材镶贴，做到预先总体排版；

6. 因地制宜，采用利于降低材料消耗的"四新"技术。

三十五、资源再生利用

1. 施工废弃物回收利用率达到 50%；

2. 现场办公用纸分类摆放，纸张两面使用，废纸回收；

3. 废弃物线材接长合理使用；

4. 板材、块材等下脚料和撒落混凝土及砂浆科学利用，制订并实施施工场地废弃物管理计划；分类处理现场垃圾，分离可回收利用的施工废弃物，将其直接应用于工程。

5. 临建设施充分利用既有建筑物、市政设施和周边道路。

三十六、施工采用建筑配件整体化或建筑构件装配化安装的施工方法。

三十七、主体结构施工选择自动提升、顶升模架或工作平台。

三十八、建筑材料包装物回收率100％。现场材料包装用纸质或塑料、塑料泡沫质的盒、袋均要分类回收，集中堆放。

三十九、现场使用预拌砂浆。预拌砂浆可集中利用粉煤灰、人工砂、矿山及工业废料和废渣等，对资源节约、减少现场扬尘具有重要意义。

四十、模板采用早拆支撑体系。

四十一、节水与水资源利用评价指标

1. 签订标段分包或劳务合同时，将节水指标纳入合同条款。施工前，应对工程项目的参建各方的节水指标，以合同的形式进行明确，便于节水的控制和水资源的充分利用；

2. 有计量考核记录；

3. 节约用水宜采取以下措施：

（1）根据工程特点，制定用水定额；

（2）施工现场供、排水系统合理适用；

（3）施工现场办公区、生活区的生活用水采用节水器具；

（4）施工现场对生活用水与工程用水分别计量；

（5）施工中采用先进的节水施工工艺，如混凝土养护、管道通水打压、各项防渗漏闭水及喷淋试验等均采用先进的节水工艺；

（6）混凝土养护和砂浆搅拌用水合理，有节水措施。施工现场尽量避免现场搅拌，优先采用商品混凝土和预拌砂浆。必须现场搅拌时，要设置水计量检测和循环水利用装置。混凝土养护采取薄膜包裹覆盖、喷涂养护液等技术手段，杜绝无措施浇水养护；

（7）管网和用水器具无渗漏。

4. 水资源的利用：

（1）合理使用基坑降水；

（2）冲洗现场机具、设备、车辆用水，应设置循环用水装置。

5. 施工现场建立水资源再利用的收集处理系统；

6. 喷洒路面、绿化浇灌不用自来水；

7. 现场办公区、生活区节水器具配置率达到100％；

8. 基坑施工中的工程降水储存使用；

9. 生活、生产污水处理使用；

10. 现场使用经检验合格的非传统水源。现场开发使用自来水以外的非传统水源进行水质检测，并符合工程质量用水标准和生活卫生水质标准。

工程节水一要有标准（定额），二要有计量，三要有管理考核。

四十二、节能与能源利用评价指标

1. 对施工现场的生产、生活、办公和主要耗能施工设备设有节能的控制指标。

2. 对主要耗能施工设备定期进行耗能计量核算。建设工程能源计量器具的配备和管理应执行《用能单位能源计量器具配备和管理通则》(GB 17167—2006)。施工用电必须装设电表，生活区和施工区应分别计量；应及时收集用电资料，建立用电节电统计台账。针对不同的工程类型，如住宅建筑、公共建筑、工业厂房建筑、仓储建筑、设备安装工程等进行分析、对比，提高节电率。

3. 不使用国家、行业、地方政府明令淘汰的施工设备、机具和产品。

4. 临时用电设施：

(1) 采取节能型设备(线路、变压器、配变电系统)；

(2) 供电设施配备合理；

(3) 照明设计满足基本照度的规定，不得超过$-10\%\sim+5\%$。

5. 机械设备的使用应符合如下要求：

(1) 选择配置施工机械设备考虑能源利用效率。

(2) 施工机具资源共享。在施工组织设计中，合理安排施工顺序、工作面，以减少作业区域的机具数量，相邻作业区充分利用共有的机具资源。

(3) 定期监控重点耗能设备的能源利用情况，并有记录。

(4) 建立设备技术档案，定期进行设备维护、保养。

6. 临时设施应注意以下两点：

(1) 施工临时设施结合日照和风向等自然条件，合理采用自然采光、通风和外窗遮阳设施；

(2) 临时施工用房使用热工性能达标的复合墙体和屋面板，顶棚宜采用吊顶。

7. 材料运输与施工应符合下列要求：

(1) 建筑材料的选用应缩短运输距离，减少能源消耗。工程施工使用的材料宜就地取材，距施工现场500km以内生产的建筑材料用量占工程施工使用的建筑材料总质量的70%以上；

(2) 采用能耗少的施工工艺；

(3) 合理安排施工工序和施工进度；

(4) 尽量减少夜间作业和冬期施工的时间。夜间作业不仅施工效率低，而且需要大量的人工照明，用电量大，应根据施工工艺特点，合理安排施工作业时间。如白天进行混凝土浇捣，晚上养护等。同样，冬季室外作业，需要采取冬期施工措施，如混凝土浇捣和养护时，采取电热丝加热或搭临时防护棚用煤炉供暖等，都将消耗大量的热能，是需要尽量避免的。

8. 根据当地气候和自然资源条件，合理利用太阳能或其他可再生能源。可再生能源是指风能、太阳能、水能、生物质能、地热能、海洋能等非化石能源。国家鼓励单位和个人安装太阳能热水系统、太阳能供热采暖和制冷系统、太阳能光伏发电系统等。我国可再生能源在施工中的利用才刚刚起步，对使用太阳能等可再生能源的施工现场予以鼓励。

9. 临时用电设备采用自动控制装置。

10. 照明采用声控、光控等自动照明控制。

11. 使用国家、行业推荐的节能、高效、环保的施工设备和机具。

12. 办公、生活和施工现场，采用节能照明灯具的数量大于80%。

四十三、节地与土地资源保护评价指标

1. 施工场地布置合理，实施动态管理。施工现场布置实施动态管理，应根据工程进度对平面进行调整。一般建筑工程至少应有地基基础、主体结构工程施工和装饰装修及设备安装三个阶段的施工平面布置图。

2. 施工临时用地有审批用地手续。

3. 施工单位应充分了解施工现场及毗邻区域内人文景观保护要求、工程地质情况及基础设施管线分布情况，制订相应保护措施，并报请相关方核准。

4. 节约用地应注意以下几点：

(1) 施工总平面布置紧凑，尽量减少占地；

(2) 在经批准的临时用地范围内组织施工；

(3) 根据现场条件，合理设计场内交通道路；

(4) 施工现场临时道路布置应与原有及永久道路统筹考虑，充分利用拟建道路为施工服务；

(5) 采用商品混凝土、预拌砂浆或使用散装水泥。

5. 保护用地应采取以下措施：

(1) 采取防止水土流失的措施；

(2) 充分利用山地、荒地作为取土场、弃土场的用地；

(3) 施工后应恢复施工活动破坏的植被，种植合适的植物；

(4) 对深基坑施工方案进行优化，减少土方开挖和回填量，保护用地。深基坑施工是一项对用地布置、地下设施、周边环境等产生重大影响的施工过程，为减少深基坑施工过程对地下及周边环境的影响，在基坑开挖与支护方案的编制和论证时应尽可能地减少土方开挖和回填量，最大限度地减少对土地的扰动，保护自然生态环境；

(5) 在生态脆弱的地区施工完成后，应进行地貌复原。

临时办公和生活用房采用多层轻钢活动板房、钢骨架多层水泥活动板房等可重复使用的装配式结构。临时办公和生活用房采用多层轻钢活动板房或钢骨架水泥活动板房搭建，能够减少临时用地面积，不影响施工人员工作和生活环境，符合绿色施工技术标准要求。

(6) 对施工中发现的地下文物资源，应进行有效保护，处理措施恰当。

（7）地下水位控制对相邻地表和建筑物无有害影响。

（8）钢筋加工配送化和构件制作工厂化。

（9）施工总平面布置能充分利用和保护原有建筑物、构筑物、道路和管线等，职工宿舍满足 2.5m²/人的使用面积要求。

四十四、评价方法

1. 绿色施工项目自评价次数每月应不少于一次，且每阶段不少于一次。

2. 评分方法

（1）控制项指标，必须全部满足，控制评价方法见表 2-59。

表 2-59　控制项评价方法

序号	评分要求	结论	说明
1	措施到位，全部满足考评指标要求	合格	进入一般评价流程
2	措施不到位，不满足考评指标要求	不合格	一票否决，为非绿色施工项目

（2）一般项指标，根据实际发生项具体条目的执行情况计分，一般项计分标准见表 2-60。

表 2-60　一般项计分标准

序号	评分要求	评分
1	措施到位，满足考评指标要求	2
2	措施基本到位，部分满足考评指标要求	1
3	措施不到位，不满足考评指标要求	0

（3）优选项指标，根据完成情况按实际发生项条目加分，优选项加分标准见表 2-61。

表 2-61　优选项加分标准

序号	评分要求	评分
1	措施到位，满足考评指标要求	1
2	措施不到位，不满足考评指标要求	0

3. 要素评价得分：

（1）一般项得分按百分制折算，见式（2-9）。

$$A = \frac{B}{C} \times 100 \qquad\qquad (2\text{-}9)$$

式中　A——折算分；

　　　B——实际发生项条目实得分；

　　　C——实际发生项条目应得分。

（2）优选项加分：按优选项实际发生条目加分求和（D）。

（3）要素评价得分：要素评价得分（F）＝一般项折算分（A）＋优选项加分（D）。

4. 批次评价得分：

（1）批次评价应按表 2-62 确定要素权重。

表 2-62 批次评价要素权重系数

评价要素	权重系数
环境保护	0.3
节材与材料资源利用	0.2
节水与水资源利用	0.2
节能与能源利用	0.2
节地与施工用地保护	0.1

（2）批次评价得分（E）＝$\sum$要素评价得分（F）×权重系数

5. 阶段评价得分：

阶段评价得分（G）＝$\sum$批次评价得分（E）/评价批次数。

6. 单位工程绿色评价得分：

（1）单位工程评价应按表 2-63 确定要素权重。

表 2-63 单位工程要素权重系数

评价阶段	权重系数
地基与基础	0.3
结构工程	0.5
装饰装修与机电工程安装	0.2

（2）单位工程评价得分（W）＝$\sum$阶段评价得分（G）×权重系数

7. 单位工程项目绿色施工等级判定

（1）满足以下条件之一者为不合格：

①控制项不满足要求；

②单位工程总得分 $W<60$ 分；

③结构工程阶段得分<60 分。

（2）满足以下条件者为合格：

①控制项全部满足要求；

②单位工程总得分满足 60 分$\leqslant W<80$ 分，结构工程得分$\geqslant 60$ 分；

③至少每个评价要素各有一项优选项得分，优选项各要素得分$\geqslant 1$ 分，总分$\geqslant 5$ 分。

（3）满足以下条件者为优良：

①控制项全部满足要求；

②单位工程总得分 $W\geqslant 80$ 分，结构工程得分$\geqslant 80$ 分；

③至少每个评价要素中有两项优选项得分，优选项各要素得分$\geqslant 2$ 分，总分$\geqslant 10$ 分。

四十五、评价组织和程序

1. 单位工程绿色施工评价的组织方是建设单位，参与方为项目实施单位和监理单位。

2. 施工阶段要素和批次评价应由工程项目部组织进行，评价结果应由建设单位和监理单位签认。

3. 企业应进行绿色施工的随机检查，并对绿色施工目标的完成情况进行评估。

4. 项目部会同建设方和监理方根据绿色施工情况，制定改进措施，由项目部实施改进。

5. 项目部应接受业主、政府主管部门及其委托单位的绿色施工检查。

6. 单位工程绿色施工评价应在项目部和企业评价的基础上进行。

7. 单位工程绿色施工应由总承包单位书面申请，在工程竣工验收前进行评价。

8. 单位工程绿色施工评价应检查相关技术和管理资料，并听取施工单位"绿色施工总体情况报告"，综合确定绿色施工评价等级。

9. 单位工程绿色施工评价结果应在有关部门备案。

10. 单位工程绿色施工评价资料应包括：

（1）绿色施工组织设计专门章节，施工方案的绿色要求、技术交底及实施记录；

（2）绿色施工自检及评价记录；

（3）第三方及企业检查资料；

（4）绿色技术要求的图纸会审记录；

（5）单位工程绿色施工评价得分汇总表；

（6）单位工程绿色施工总体情况总结；

（7）单位工程绿色施工相关方验收及确认表。

11. 绿色施工评价资料应按规定存档。

四十六、第三方评价

1. 第三方评价为政府和协（学）会等组织的绿色施工评价活动。

2. 政府和相关方组织绿色施工优秀工程的评审可参照本标准实施。

3. 绿色施工优秀工程评审应在单位工程绿色施工评价为优良的基础上进行，可分别评出金、银、铜奖等档次。

临时设施布置用地参考指标见表2-64～表2-66。

表2-64 临时加工厂所需面积指标

序号	加工厂名称	工程所需总量	占地总面积（m²）	（长×宽）m	设备配备情况
1	混凝土搅拌站	12500m³	150	10×15	350L强制式搅拌机2台，灰机2台，配料机一套
2	临时性混凝土预制厂	200m³			商品混凝土
3	钢筋加工厂	2800t	300	30×10	弯曲机2台，切断机2台，对焊机1台，拉丝机1台
4	金属结构加工厂	30t	600	20×30	氧气焊2套，电焊机3台
5	临时道路占地宽度	3.5～6m			

2-65 现场作业棚及堆场所需面积参考指标

序号	名称		高峰期人数（人）	占地总面积（m²）	（长×宽）m	租用或业主提供原有旧房作临时用房情况说明
1	木作	木工作业棚	48	60	10×6	
		成品半成品堆场		200	20×10	
2	钢筋	钢筋加工棚	30	80	10×8	
		成品半成品堆场		210	21×10	
3	铁件	铁件加工棚	6	40	8×5	
		成品半成品堆场		30	6×5	
4	混凝土砂浆	搅拌棚	6	72	12×6	
		水泥仓库	2	35	10×3.5	
		砂石堆场	6	120	12×10	
5	施工用电	配电房	2	18	6×3	
		电工房	4	20	7×4	
6	白铁房		2	12	4×3	
7	油漆工房		12	20	5×4	
8	机、铅修理房		6	18	6×3	
9	石灰	存放棚	2	28	7×4	
10		消化池	2	24	6×4	
11	门窗存放棚			30	6×5	
12	砌块堆场			200	10×10	
13	轻质墙板堆场		8	18	6×3	
14	金属结构半成品堆场			50	10×5	
15	仓库（五金、玻璃、卷材、沥青等）		2	40	8×5	
16	仓库（安装工程）		2	32	4×8	
17	临时道路占地宽度		3.5～6m			

2-66 行政生活福利临时设施

临时房屋名称		占地面积（m²）	建筑面积（m²）	参考指标（m²/人）	备注	人数	租用或使用原有旧房情况说明
办公室		80	80	4	管理人员数	20	
宿舍	双层床	210	600	2	按高峰年（季）平均职工人数（扣除不在工地住宿人数）	200	
食堂		120	120	0.5	按高峰期	240	
浴室		100	100	0.5	按高峰期	200	
活动室		45	45	0.23	按高峰期	200	

第三章 乡村建筑装饰装修工程

第一节 建筑地面工程

一、建筑地面

1. 建筑地面工程采用的材料或产品应符合设计要求和国家现行有关标准的规定。无国家现行标准的，应具有省级住房和城乡建设行政主管部门的技术认可文件。材料或产品进场时还应符合下列规定：

（1）应有质量合格证明文件。

（2）应对型号、规格、外观等进行验收，对重要材料或产品应抽样进行复验。

2. 建筑地面工程采用的大理石、花岗石、料石等天然石材以及砖、预制板块、地毯、人造板材、胶黏剂、涂料、水泥、砂、石、外加剂等材料或产品应符合国家现行有关室内环境污染控制和放射性、有害物质限量的规定。材料进场时应具有检测报告。

3. 厕浴间和有防滑要求的建筑地面应符合设计防滑要求。

4. 厕浴间、厨房和有排水（或其他液体）要求的建筑地面层与相连接各类面层的标高差应符合设计要求。

二、基土

1. 地面应铺设在均匀密实的基土上。土层结构被扰动的基土应进行换填，并予以压实。压实系数应符合设计要求。

2. 对软弱土层应按设计要求进行处理。

3. 填土应分层摊铺、分层压（夯）实、分层检验其密实度。填土质量应符合国家标准《建筑地基基础工程施工质量验收标准》（GB 50202—2018）的有关规定。

4. 基土不应用淤泥、腐殖土、冻土、耕植土、膨胀土和建筑杂物作为填土，填土土块的粒径不应大于50mm。

检验方法：观察和检查土质记录。

检查数量：按《建筑地面工程施工质量验收规范》（GB 50209—2010）第3.0.21条规定的检验批检查。

三、垫层

1. 碎石垫层和碎砖垫层厚度不应小于100mm。

2. 垫层应分层压（夯）实，达到表面坚实、平整。

3. 水泥混凝土垫层的厚度不应小于 60mm；陶粒混凝土垫层的厚度不应小于 80mm。

4. 垫层铺设前，其下一层表面应湿润。

5. 室内地面的水泥混凝土垫层和陶粒混凝土垫层，应设置纵向缩缝和横向缩缝，纵向缩缝、横向缩缝的间距均不得大于 6m。

6. 工业厂房、礼堂、门厅等大面积水泥混凝土、陶粒混凝土垫层应分区段浇筑。分区段应结合变形缝位置、不同类型的建筑地面连接处和设备基础的位置进行划分，并应与设置的纵向、横向缩缝的间距相一致。

7. 找平层宜采用水泥砂浆或水泥混凝土铺设。当找平层厚度小于 30mm 时，宜用水泥砂浆做找平层；当找平层厚度不小于 30mm 时，宜用细石混凝土做找平层。

8. 有防水要求的建筑地面工程，铺设前必须对立管、套管和地漏与楼板节点之间进行密封处理，并应进行隐蔽验收；排水坡度应符合设计要求。

9. 在预制钢筋混凝土板上铺设找平层前，板缝填嵌的施工应符合下列要求：

（1）预制钢筋混凝土板相邻缝底宽不应小于 20mm。

（2）填嵌时，板缝内应清理干净，保持湿润。

（3）填缝应采用细石混凝土，其强度等级不应小于 C20。填缝高度应低于板面 10～20mm，且振捣密实；填缝后应养护。当填缝混凝土的强度等级达到 C15 后方可继续施工。

（4）当板缝底宽大于 40mm 时，应按设计要求配置钢筋。

10. 在水泥类找平层上铺设卷材类、涂料类防水、防油渗隔离层时，其表面应坚固、洁净、干燥。铺设前应涂刷基层处理剂。基层处理剂应采用与卷材性能相容的配套材料或采用与涂料性能相容的同类涂料的冷底子油。

11. 厕浴间和有防水要求的建筑地面必须设置防水隔离层。楼层结构必须采用现浇混凝土或整块预制混凝土板，混凝土强度等级不应小于 C20；房间的楼板四周除门洞外应做混凝土翻边，高度不应小于 200mm，宽同墙厚，混凝土强度等级不应小于 C20。施工时结构层标高和预留孔洞位置应准确，严禁乱凿洞。

检验方法：观察和用钢尺检查。

检查数量：按《建筑地面工程施工质量验收规范》（GB 50209—2010）第 3. 0. 21 条规定的检验批检查。

12. 防水隔离层严禁渗漏，排水的坡向应正确，排水通畅。

检验方法：观察，蓄水、泼水检验，用坡度尺检查并检查验收记录。

检查数量：按《建筑地面工程施工质量验收规范》（GB 50209—2010）第 3. 0. 21 条规定的检验批检查。

第二节　地面面层铺设

一、整体面层

1. 铺设整体面层时，水泥类基层的抗压强度不得小于 1.2MPa；表面应粗糙、洁净、湿润并不得有积水。铺设前宜凿毛或涂刷界面剂。硬化耐磨面层、自流平面层的基层处理应符合设计及产品的要求。

2. 铺设整体面层时，地面变形缝的位置应符合《建筑地面工程施工质量验收规范》（GB 50209—2010）第 3.0.16 条的规定，大面积水泥类面层应设置分格缝。

3. 整体面层施工后，养护时间不应少于 7d；抗压强度应达到 5MPa 后方准上人行走。抗压强度应达到设计要求后，方可正常使用。

4. 当采用掺有水泥拌合料做踢脚线时，不得用石灰混合砂浆打底。

5. 水泥类整体面层的抹平工作应在水泥初凝前完成，压光工作应在水泥终凝前完成。

6. 整体面层的允许偏差和检验方法应符合表 3-1 的规定。

表 3-1　整体面层的允许偏差和检验方法表

项次	项目	允许偏差（mm）									检验方法
		水泥混凝土面层	水泥砂浆面层	普通水磨石面层	高级水磨石面层	硬化耐磨面层	防油渗混凝土和不发火（防爆）面层	自流平面层	涂料面层	塑胶面层	
1	表面平整度	5	4	3	2	4	5	2	2	2	用 2m 靠尺和楔形塞尺检查
2	踢脚线上口平直	4	4	3	3	4	4	3	3	3	拉 5m 线和用钢尺检查
3	缝格顺直	3	3	3	2	3	3	2	2	2	

7. 水泥混凝土面层厚度应符合设计要求。

8. 水泥混凝土面层铺设不得留施工缝。当施工间隙超过允许时间规定时，应对接槎处进行处理。

9. 水泥混凝土采用的粗骨料，最大粒径不应大于面层厚度的 2/3，细石混凝土面层采用的石子粒径不应大于 16mm。

检验方法：观察并检查质量合格证明文件。

检查数量：同一工程、同一强度等级、同一配合比检查一次。

10. 面层与下一层应结合牢固，且应无空鼓和开裂。当出现空鼓时，空鼓面积不应大于 400cm²，且每自然间或标准间不应多于 2 处。

检验方法：观察和用小锤轻击检查。

检查数量：按《建筑地面工程施工质量验收规范》（GB 50209—2010）第 3.0.21 条规定的检验批检查。

11．水泥砂浆的体积比（强度等级）应符合设计要求，且体积比应为 1∶2，强度等级不应小于 M15。

检验方法：检查强度等级检测报告。

检查数量：按《建筑地面工程施工质量验收规范》（GB 50209—2010）第 3.0.19 条的规定检查。

12．有排水要求的水泥砂浆地面，坡向应正确，排水通畅；防水水泥砂浆面层不应渗漏。

检验方法：观察，蓄水、泼水检验或坡度尺检查及检查检验记录。

检查数量：按《建筑地面工程施工质量验收规范》（GB 50209—2010）第 3.0.21 条规定的检验批检查。

13．面层与下一层应结合牢固，且应无空鼓和开裂。当出现空鼓时，空鼓面积不应大于 400cm²，且每自然间或标准间不应多于 2 处。

检验方法：观察和用小锤轻击检查。

检查数量：按《建筑地面工程施工质量验收规范》（GB 50209—2010）第 3.0.21 条规定的检验批检查。

14．自流平面层的铺涂材料应符合设计要求和国家现行有关标准的规定。

检验方法：观察并检查型号检验报告、出厂检验报告、出厂合格证。

检查数量：同一工程、同一材料、同一生产厂家、同一型号、同一规格、同一批号检查一次。

15．自流平面层的涂料进入施工现场时，应有以下有害物质限量合格的检测报告：

（1）水性涂料中的挥发性有机化合物（VOC）和游离甲醛；

（2）溶剂型涂料中的苯、甲苯十二甲苯、挥发性有机化合物（VOC）和游离甲苯二异氰醛酯（TDI）。

检验方法：检查检测报告。

检查数量：同一工程、同一材料、同一生产厂家、同一型号、同一规格、同一批号检查一次。

16．自流平面层的各构造层之间应黏结牢固，层与层之间不应出现分离、空鼓现象。

检验方法：用小锤轻击检查。

检查数量：按《建筑地面工程施工质量验收规范》（GB 50209—2010）第 3.0.21 条规定的检验批检查。

17. 自流平面层的表面不应有开裂、漏涂和倒泛水、积水等现象。

检验方法：观察和泼水检查。

检查数量：按《建筑地面工程施工质量验收规范》（GB 50209—2010）第 3.0.21 条规定的检验批检查。

18. 自流平面层应分层施工，面层找平施工时不应留有抹痕。

检验方法：观察和检查施工记录。

检查数量：按《建筑地面工程施工质量验收规范》（GB 50209—2010）第 3.0.21 条规定的检验批检查。

19. 自流平面层表面应光洁，色泽应均匀、一致，不应有起泡、泛砂等现象。

检验方法：观察。

检查数量：按《建筑地面工程施工质量验收规范》（GB 50209—2010）第 3.0.21 条规定的检验批检查。

20. 涂料进入施工现场时，应有苯、甲苯十二甲苯、挥发性有机化合物（VOC）和游离甲苯二异氰醛酯（TDI）限量合格的检测报告。

检验方法：检查检测报告。

检查数量：同一材料、同一生产厂家、同一型号、同一规格、同一批号检查一次。

21. 涂料面层的表面不应有开裂、空鼓、漏涂和倒泛水、积水等现象。

检验方法：观察和泼水检查。

检查数量：按《建筑地面工程施工质量验收规范》（GB 50209—2010）第 3.0.21 条规定的检验批检查。

22. 涂料找平层应平整，不应有刮痕。

检验方法：观察。

检查数量：按《建筑地面工程施工质量验收规范》（GB 50209—2010）第 3.0.21 条规定的检验批检查。

23. 涂料面层应光洁，色泽应均匀、一致，不应有起泡、起皮、泛砂等现象。

检验方法：观察。

检查数量：按《建筑地面工程施工质量验收规范》（GB 50209—2010）第 3.0.21 条规定的检验批检查。

24. 塑胶面层采用的材料应符合设计要求和国家现行有关标准的规定。

检验方法：观察和检查型式检验报告、出厂检验报告、出厂合格证。

检查数量：现浇型塑胶材料按同一工程、同一配合比检查一次；塑胶卷材按同一工程、同一材料、同一生产厂家、同一型号、同一规格、同一批号检查一次。

25. 现浇型塑胶面层的配合比应符合设计要求，成品试件应检测合格。

检验方法：检查配合比试验报告、试件检测报告。

检查数量：同一工程、同一配合比检查一次。

26．现浇型塑胶面层与基层应黏结牢固，面层厚度应一致，表面颗粒应均匀，不应有裂痕、分层、气泡、脱（秃）粒等现象；塑胶卷材面层的卷材与基层应黏结牢固，面层不应有断裂、起泡、起鼓、空鼓、脱胶、翘边、溢液等现象。

检验方法：观察和用敲击法检查。

检查数量：按《建筑地面工程施工质量验收规范》（GB 50209—2010）第 3.0.21 条规定的检验批检查。

27．塑胶面层的各组合层厚度、坡度、表面平整度应符合设计要求。

28．塑胶面层应表面洁净，图案清晰，色泽一致；拼缝处的图案、花纹应吻合，无明显高低差及缝隙，无胶痕；与周边接缝应严密，阴阳角应方正、收边整齐。

检验方法：观察。

检查数量：按《建筑地面工程施工质量验收规范》（GB 50209—2010）第 3.0.21 条规定的检验批检查。

二、板块面层铺设

1．铺设板块面层时，其水泥类基层的抗压强度不得小于 1.2MPa。

2．铺设水泥混凝土板块、水磨石板块、人造石板块、陶瓷锦砖、陶瓷地砖、缸砖、水泥花砖、料石、大理石、花岗石等面层的结合层和填缝材料采用水泥浆时，在面层铺设后，表面应覆盖、湿润，养护时间不应少于 7d。当板块面层的水泥砂浆结合层的抗压强度达到设计要求后，方可正常使用。

3．小于 1/4 板块边长的边角，影响观感效果，故作此规定。

4．板块面层的允许偏差和检验方法应符合表 3-2 的规定。

5．在水泥砂浆结合层上铺贴缸砖、陶瓷地砖和水泥花砖面层时，应符合下列规定：

（1）在铺贴前，应对砖的规格尺寸、外观质量、色泽等进行预选；需要时，浸水湿润晾干待用。

（2）勾缝和压缝应采用同品种、同强度等级、同颜色的水泥，并做养护和保护。

6．砖面层所用板块产品应符合设计要求和国家现行有关标准的规定。

检验方法：观察和检查型式检验报告、出厂检验报告、出厂合格证。

检查数量：同一工程、同一材料、同一生产厂家、同一型号、同一规格、同一批号检查一次。

7．砖面层所用板块产品进入施工现场时，应有放射性限量合格的检测报告。

检验方法：检查检测报告。

检查数量：同一工程、同一材料、同一生产厂家、同一型号、同一规格、同一批号检查一次。

8．板材有裂缝、掉角、翘曲和表面有缺陷时应予剔除，品种不同的板材不得混杂使用；在铺设前，应根据石材的颜色、花纹、图案、纹理等按设计要求，试拼编号。

表 3-2　板、块面层的允许偏差和检验方法

项次	项目	允许偏差（mm）											检验方法
		陶瓷锦砖面层、高级水磨石板、陶瓷地砖面层	缸砖面层	水泥花砖面层	水磨石板块面层	大理石面层、花岗石面层、人造石面层、金属板面层	塑料板面层	水泥混凝土板块面层	碎拼大理石、碎拼花岗石面层	活动地板面层	条石面层	块石面层	
1	表面平整度	2.0	4.0	3.0	3.0	1.0	2.0	4.0	3.0	2.0	10	10	用 2m 靠尺和楔形塞尺检查
2	缝格平直	3.0	3.0	3.0	3.0	2.0	3.0	3.0	—	2.5	8.0	8.0	拉 5m 线和用钢尺检查
3	接缝高低差	0.5	1.5	0.5	1.0	0.5	0.5	1.5	—	0.4	2.0	—	用钢尺和楔形塞尺检查
4	踢脚线上口平直	3.0	4.0	—	4.0	1.0	2.0	4.0	1.0	—	—	—	拉 5m 线和用钢尺检查
5	板块间隙宽度	2.0	2.0	2.0	2.0	1.0	—	6.0	—	0.3	0.5	—	用钢尺检查

9. 大理石、花岗石面层所用板块产品应符合设计要求和国家现行有关标准的规定。

检验方法：观察和检查质量合格证明文件。

检查数量：同一工程、同一材料、同一生产厂家、同一型号、同一规格、同一批号检查一次。

10. 大理石、花岗石面层所用板块产品进入施工现场时，应有放射性限量合格的检测报告。

检验方法：检查检测报告。

检查数量：同一工程、同一材料、同一生产厂家、同一型号、同一规格、同一批号检查一次。

11. 大理石、花岗石面层铺设前，板块的背面和侧面应进行防碱处理。

检验方法：观察和检查施工记录。

检查数量：按《建筑地面工程施工质量验收规范》（GB 50209—2010）第 3.0.21 条规定的检验批检查。

12. 大理石、花岗石面层的表面应洁净、平整、无磨痕，且应图案清晰，色泽一致，接缝均匀，周边顺直，镶嵌正确，板块应无裂纹、掉角、缺棱等缺陷。

检验方法：观察。

检查数量：按《建筑地面工程施工质量验收规范》（GB 50209—2010）第 3.0.21 条规定的检验批检查。

13. 面层表面的坡度应符合设计要求，不倒泛水、无积水；与地漏、管道结合处应严密牢固，无渗漏。

检验方法：观察、泼水或用坡度尺及蓄水检查。

检查数量：按《建筑地面工程施工质量验收规范》（GB 50209—2010）第 3.0.21 条规定的检验批检查。

三、地毯面层

1. 地毯面层应采用地毯块材或卷材，以空铺法或实铺法铺设。

2. 铺设地毯的地面面层（或基层）应坚实、平整、洁净、干燥，无凹坑、麻面、起砂、裂缝，并不得有油污、钉头及其他凸出物。

3. 地毯衬垫应满铺平整，地毯拼缝处不得露底衬。

4. 空铺地毯面层应符合下列要求：

（1）块材地毯宜先拼成整块，然后按设计要求铺设。

（2）块材地毯的铺设，块与块之间应挤紧服帖。

（3）卷材地毯宜先长向缝合，然后按设计要求铺设。

（4）地毯面层的周边应压入踢脚线下。

（5）地毯面层与不同类型的建筑地面面层的连接处，其收口做法应符合设计要求。

5. 实铺地毯面层应符合下列要求：

（1）实铺地毯面层采用的金属卡条（倒刺板）、金属压条、专用双面胶带、胶黏剂等应符合设计要求。

（2）铺设时，地毯的表面层宜张拉适度，四周应采用卡条固定；门口处宜用金属压条或双面胶带等固定。

（3）地毯周边应塞入卡条和踢脚线下。

（4）地毯面层采用胶黏剂或双面胶带黏结时，应与基层黏贴牢固。

6. 地毯面层采用的材料进入施工现场时，应有地毯、衬垫、胶黏剂中的挥发性有机化合物（VOC）和甲醛限量合格的检测报告。

检验方法：检查检测报告。

检查数量：同一工程、同一材料、同一生产厂家、同一型号、同一规格、同一批号检查一次。

7. 地毯表面不应起鼓、起皱、翘边、卷边及明显拼缝、露线和毛边，绒面毛应顺光一致，毯面应洁净、无污染和损伤。

检验方法：观察。

检查数量：按《建筑地面工程施工质量验收规范》（GB 50209—2010）第 3.0.21 条规定的检验批检查。

四、木、竹面层铺设

1. 木、竹面层的允许偏差和检验方法应符合表 3-3 的规定。

表 3-3　木、竹面层的允许偏差和检验方法

项次	项目	允许偏差（mm）				检验方法
		实木地板、实木集成地板、竹地板面层			浸渍纸层压木质地板、实木复合地板、软木类地板面层	
		松木地板	硬木地板、竹地板	拼花地板		
1	板面缝隙宽度	1.0	0.5	0.2	0.5	用钢尺检查
2	表面平整度	3.0	2.0	2.0	2.0	用 2m 靠尺和楔形塞尺检查
3	踢脚线上口平齐	3.0	3.0	3.0	3.0	拉 5m 线和用钢尺检查
4	板面拼缝平直	3.0	3.0	3.0	3.0	
5	相邻板材高差	0.5	0.5	0.5	0.5	用钢尺和楔形塞尺检查
6	踢脚线与面层的接缝	1.0				楔形塞尺检查

2. 铺设实木地板、实木集成地板、竹地板面层时，其木格栅的截面尺寸、间距和稳固方法等均应符合设计要求。木格栅固定时，不得损坏基层和预埋管线。木格栅应垫实钉牢，与柱、墙之间留出 20mm 的缝隙，表面应平直，其间距不宜大于 300mm。

3. 实木地板、实木集成地板、竹地板面层采用的材料进入施工现场时，应有以下有害物质限量合格的检测报告：

（1）地板中的游离甲醛（释放量或含量）；

（2）溶剂型胶黏剂中的挥发性有机化合物（VOC）、苯、甲苯十二甲苯；

（3）水性胶黏剂中的挥发性有机化合物（VOC）和游离甲醛。

检验方法：检查检测报告。

检查数量：同一工程、同一材料、同一生产厂家、同一型号、同一规格、同一批号检查一次。

4. 木格栅、垫木和垫层地板等应做防腐、防蛀处理。

检验方法：观察和检查验收记录。

检查数量：按《建筑地面工程施工质量验收规范》（GB 50209—2010）第 3.0.21 条规定的检验批检查。

5. 木格栅安装应牢固、平直。

检验方法：观察，行走，用钢尺测量，检查验收记录。

检查数量：按《建筑地面工程施工质量验收规范》（GB 50209—2010）第 3.0.21 条规定的检验批检查。

6．面层铺设应牢固；黏结应无空鼓、松动。

检验方法：观察，行走或用小锤轻击检查。

检查数量：按《建筑地面工程施工质量验收规范》（GB 50209—2010）第 3.0.21 条规定的检验批检查。

7．实木地板、实木集成地板面层应刨平、磨光，无明显刨痕和毛刺等现象；图案应清晰，颜色应均匀一致。

检验方法：观察、手摸和行走检查。

检查数量：按《建筑地面工程施工质量验收规范》（GB 50209—2010）第 3.0.21 条规定的检验批检查。

五、实木复合地板面层

1．实木复合地板面层下衬垫的材料和厚度应符合设计要求。

2．实木复合地板面层铺设时，相邻板材接头位置应错开不小于 300mm 的距离；与柱、墙之间应留不小于 10mm 的空隙。当面层采用无龙骨的空铺法铺设时，应在面层与柱、墙之间的空隙内加设金属弹簧卡或木楔子，其间距宜为 200～300mm。

3．实木复合地板面层采用的材料进入施工现场时，应有以下有害物质限量合格的检测报告：

（1）地板中的游离甲醛（释放量或含量）；

（2）溶剂型胶黏剂中的挥发性有机化合物（VOC）、苯、甲苯、二甲苯；

（3）水性胶黏剂中的挥发性有机化合物（VOC）和游离甲醛。

检验方法：检查检测报告。

检查数量：同一工程、同一材料、同一生产厂家、同一型号、同一规格、同一批号检查一次。

4．木格栅、垫木和垫层地板等应做防腐、防蛀处理。

检验方法：观察和检查验收记录。

检查数量：按《建筑地面工程施工质量验收规范》（GB 50209—2010）第 3.0.21 条规定的检验批检查。

5．木格栅安装应牢固、平直。

检验方法：观察，行走，用钢尺测量和检查验收记录。

检查数量：按《建筑地面工程施工质量验收规范》（GB 50209—2010）第 3.0.21 条规定的检验批检查。

6．面层铺设应牢固；粘贴应无空鼓、松动。

检验方法：观察，行走或用小锤轻击检查。

检查数量：按《建筑地面工程施工质量验收规范》（GB 50209—2010）第 3.0.21 条规定的检验批检查。

第三节　保证装饰工程施工质量的措施

一、墙面砖湿贴空鼓、脱落防治

1. 饰面板（砖）防水层宜采用聚合物水泥砂浆，严禁采用柔性防水材料作为饰面砖的基层。

2. 饰面砖基层必须严格验收，确保基层平整、干净，无空鼓、无裂缝。

3. 饰面砖应采用专用黏接剂镶贴，黏接剂材质应与基层同质相容。

4. 厕浴间等墙面有防水要求时，应在其基层墙面挂钢丝网，抹两道 1∶3 防水水泥砂浆，再进行防水层施工，然后用 1∶1 水泥砂浆做防水保护层。

二、涂料发霉起皮污染防治

1. 外墙应采用高弹涂料，易遭风雨侵袭的走道、外廊、阳台、避难层、楼梯间应采用外墙腻子和涂料。

2. 地下室应采用防霉腻子和涂料，地下室涂料施工完成后，应保证地下室的通风和干燥，避免地下室涂料发霉。

3. 门窗、管道等部位应避免涂料污染。水电管道安装工序穿插较紧的部位，饰面涂料应提前施工。

三、石膏板吊顶表面裂缝防治

1. 吊杆距主龙骨端部距离不得大于 300mm，当大于 300mm 时，应增加吊杆。当吊杆长度大于 1500mm 时，应设置反支撑；当吊杆与设备相遇时，应调整并增设吊杆或采用型钢支架。

2. 吊顶面板宜采用双层上下层板，并错开接缝，不得在同一根龙骨上接缝。或者转角部位不留缝，而采用定制整板。

3. 吊顶板接缝应按设计要求进行板缝处理；狭长吊顶面板宜在沿长度方向间隔约 10 米设置一道变形缝。

4. 室内消火栓箱石材门开启角度不符合要求防治：

根据《消防给水及消火栓系统技术规范》（GB 50974—2014）"消火栓箱门的开启不应小于 120°"的规定，结合工程实际石材墙面外侧与消火栓箱正面的最小距离和石材门的总厚度，设计确定石材门上下转轴的位置；转动门框架至最大开启角度时，经测量或调整，确保石材门扇最大开启角度不小于 120°。

四、外开窗扇脱落防治

1. 金属门窗平开窗窗扇宽度不应大于 650mm，面积不应超过 $1.0m^2$。
2. 金属门窗型材壁厚应满足设计要求。
3. 检查窗扇五金件是否生锈严重，五金件应有效固定。
4. 五金件连接处的型材壁厚应满足设计要求。
5. 紧固螺丝应采用不锈钢材质。

五、防火层封堵不密实防治

1. 幕墙安装幕墙层间防火封堵应与建筑结构可靠连接。
2. 防火封堵密封缝隙构造设计应合理，缝隙搭接（连接）处应采用防火胶进行密封。

六、玻璃损坏或自爆导致坠落防治

1. 玻璃幕墙设计应按相关规范执行，严格控制玻璃厚度尺寸及相应板块面积。
2. 玻璃幕墙室外侧玻璃宜采用夹层玻璃，钢化玻璃应进行均质处理。
3. 应合理设置绿化带或裙房等缓冲区域，或设置挑檐、防冲击雨篷等防护设施。
4. 人流密集区域不得采用全隐框玻璃幕墙。

七、未设置防脱构件，锁点未有效固定于锁座防治

1. 玻璃幕墙安装外开启窗应按照相关规范控制开启面积，且最大面积不应大于 $2.0\ m^2$。
2. 开启扇的连接支撑和锁闭应按照规范进行严格设计和计算，连接应可靠安全并经试验验证。
3. 外开启窗应有防脱或防坠落装置设计。
4. 现场安装检查滑撑固定位置是否准确，固定螺丝是否安装到位无遗漏，锁点与锁座是否有效搭接。

八、石材和人造板材损坏导致坠落防治

1. 不同面板材料的力学性能应按规定送样检测确定，包括抗弯抗剪强度和挂装强度等。
2. 抗弯强度检测最小值小于 4MPa 的石材面板，不得用于石材幕墙。
3. 面板连接禁用 T 型挂件和斜挑挂件。
4. 门窗洞口过梁设置不规范防治：门窗洞口过梁应采用钢筋混凝土过梁；门窗框安装固定前应当对墙洞尺寸进行复合。

第四节　建筑给排水工程

一、管道

1. 管道穿楼板或墙体位置无套管，套管未高出楼板防治，楼板、墙体、管道井防水套管分为柔性防水套管和刚性防水套管还有密闭类套管，按照设计及规范要求制作或采购成品安装，口径一般应大于管道两档；地下室或地下构筑物外墙有管道穿过的，应采取防水措施。对有严格防水要求的建筑物，必须采用柔性防水套管。

2. 安装在楼板内的套管其顶部应高出装饰地面 20mm，安装在卫生间及厨房内的套管其顶部应高出装饰地面 50mm，且套管底部应与楼板底面相平，安装在墙壁内的套管其两端与饰面相平。

3. 套管与翼环应双面满焊，焊缝饱满。管道居于套管中间，管道与套管内的间隙应用阻燃密实材料和防水油膏填实且端面光滑，管道的接口不得设在套管内。

二、管道渗漏防治

1. 给排水管道根据设计文件要求按给排水系统的工作压力、水温、敷设场所等情况合理选材，管件应与管材配套。

2. 必须按《建筑给水排水及采暖工程施工质量验收规范》（GB 50242—2002）进行水压试验。

3. 室内给水管道的水压试验必须符合设计要求。当设计未注明时，各种材质的给水管道系统试验压力均为工作压力的 1.5 倍，但不得小于 0.6MPa。

4. 隐蔽或埋地的排水管道在隐蔽前必须做灌水试验，其灌水高度不低于底层卫生器具的上边缘或底层地面高度。

三、管道支吊架间距过大、不垂直，转角处未增设支吊架防治

1. 管道支、吊、托架的安装应符合位置正确，埋设应平整牢固。

2. 管道支、吊、托架的安装应符合固定支架与管道接触应紧密，固定应牢靠。

3. 管道支、吊、托架的安装应符合固定在建筑结构上的管道支、吊架不得影响结构的安全。

四、抗震支吊架设置不规范防治

1. 建设单位应委托设计单位按照《建筑机电工程抗震设计规范》（GB 50981—2014）的相关规定进行抗震支吊架设计，若设计文件中描述不明确应进行补充和完善。

2. 施工图中只引用抗震支吊架设计规范，未进行详细设计的项目，设计单位应提

交抗震支吊架计算书，并明确抗震支吊架做法、节点详图等相关要求。

3. 抗震支吊架生产厂家深化设计图纸应交由原设计单位审核确认后，方可实施。

4. 抗震支吊架的最大间距应符合《建筑机电工程抗震设计规范》（GB 50981—2014）的规定。

5. 对支吊架施工时使用的膨胀螺栓及后扩底锚栓，应按同一单位工程、同一生产厂家、同一规格各不少于一次进行最小拉力载荷和抗拉强度复验和现场拉拔试验。

五、最低标准层排水未单独排放防治

1. 靠近排水立管底部的排水支管连接横干管的接入点，距离立管底部的水平距离保证不小于 1.5m。

2. 将最低标准层排水单独接入检查井。

3. 建筑电气工程，管路连接质量（机械强度、电气性能等）不满足规范防治。

4. 管材、连接套管和附件（螺纹丝扣螺钉、螺纹接头和爪型螺母等）应符合《套接紧定式钢导管电线管路施工及验收规程》（T/CECS 120—2021）的内容。

5. 紧定式钢导管电气管路连接处，管材端口分别插入连接套管内应紧贴凹槽处，接触应紧密，且两侧应定位。

6. 无螺纹旋压型紧定式钢导管连接时，应将锁钮旋转 90°紧定；有螺纹紧定型紧定式钢导管连接时，旋紧螺钉至螺钉头被拧断。

7. 紧定式钢导管与金属外壳采用喷塑等防腐处理的柜（箱）、槽盒等连接处，应跨接保护联结导体。

第五节　保护导体（含跨接保护联结导体）的连接质量不满足规范防治

一、金属梯架、托盘和槽盒本体之间的连接应牢固可靠，与保护导体连接不应少于两处，当全长超过 30m 时，每隔 20～30m 应增加一个连接点，起始端和终点端均应可靠接地。

二、金属梯架、托盘和槽盒本体之间的连接板，其每端不少于 2 个有防松螺帽或防松垫圈的连接固定螺栓。

三、金属梯架、托盘和槽盒的起始端和终点端与配电柜（箱）驳接时，应可靠接地，保护导体应接至配电柜（箱）的 PE 排。

四、非镀锌梯架、托盘和槽盒本体之间连接板的两侧应跨接保护联结导体

第六节　导线与设备或器具的连接质量不满足规范防治

一、导线连接截面积在 2.5mm² 及以下的多芯铜芯线应接续端子或拧紧搪锡后再与

设备或器具的端子连接。

二、截面积大于 2.5mm² 的多芯铜芯线，除设备自带插接式端外，应接续端子后与设备或器具的端子连接；多芯铜芯线与插接式端子连接前，端部应拧紧搪锡。

三、每个设备或器具的端子接线不多于两根导线或两个导线端子。

四、焊搭接的连接质量不满足规范防治：

1. 变配电室及电气竖井接地干线应与接地装置应可靠连接，且均采用热镀锌钢材。

2. 接地干线应采取搭接焊，其焊接连接处的焊缝应饱满牢固，不应有夹渣、气孔及焊透现象，除埋设在混凝土中的焊接接头外，应采取防腐措施。

3. 接地干线搭接焊的连接：扁钢与扁钢搭接长度不小于扁钢宽度的 2 倍，不少于 3 面施焊；圆钢与圆钢搭接长度不小于圆钢直径的 6 倍，双面施焊；圆钢与扁钢搭接长度不小于圆钢直径的 6 倍，双面施焊。

五、焊搭接的连接质量不满足规范防治：

1. 接闪器与防雷引下线，防雷引下线与接地装置等应可靠连接（即采用焊接或螺栓连接），且均采用热镀锌钢材。

2. 防雷引下线、接闪线、接闪网和接闪带的焊接连接：扁钢与扁钢搭接长度不小于扁钢宽度的 2 倍，不少于 3 面施焊；圆钢与圆钢搭接长度不小于圆钢直径的 6 倍，双面施焊；圆钢与扁钢搭接长度不小于圆钢直径的 6 倍，双面施焊。

3. 接闪杆、接闪网或接闪带的安装，其焊接连接处的焊缝应饱满牢固，不应有夹渣、气孔及焊透现象，除埋设在混凝土中的焊接接头外，应采取防腐措施。

第七节　通风与空调工程

一、支吊架施工质量缺陷防治：

1. 风管支吊架的支架间距、固定支架及抗震支吊架设置应符合设计、施工质量验收规范要求。

2. 大于 630mm 的风管防火阀应设置独立支吊架。

3. 大口径水管支吊架应在梁或楼板设置预埋件，采用支吊结合的方式，避免运行后管道坍塌。

二、风管施工质量缺陷防治：

1. 风系统管道敷设镀锌风管镀锌层表面应没有氧化、划痕、白锈、黑斑、红锈等腐蚀现象，并无污渍。

2. 风管密封方式、厚度应符合设计及施工质量验收规范要求，密封垫料应采用不燃材料。

3. 风管拼接完成吊装前，应进行内部及表面清洁，并进行漏风量试验，试验结果应符合施工质量验收规范要求。

第八节 水管管道腐蚀、渗漏、保温凝露滴水防治

一、螺旋钢管、焊接钢管进场应进行除锈、刷涂或喷涂防锈漆，漆面应均匀密布；搬运、吊装过程应做好漆面保护措施，尽量减少防锈漆磨损或脱落。

二、室外空调设备、管道的绝热层应外包铝板、不锈钢板或彩钢板等做保护，搭接时应防止雨水渗入；多联机的室外冷媒管可采用桥架等形式保护。

三、所有空调绝热管道保护在安装时涉及阀门部位，均应采用可拆卸式安装，以方便维修。

四、冷凝水管安装施工质量缺陷防治：

1. 风柜冷凝水管应设存水弯，水封高度不低于 50mm，避免因水蒸发破坏水封导致冷凝水无法排出。

2. 冷凝水管安装应确保设置符合设计要求的坡度，当设计无要求时，至少应达到 3‰。

3. 冷凝水系统应做通水试验，结果应不渗漏，排水畅通。

第九节 建筑楼板保温工程质量通病防治

一、楼地面保温工程必须有构造设计图和节点详图；楼地面保温施工，严禁裂缝（楼地面如果大于 6 米，地面应做好分格措施）。

二、保温层的选材和构造既应满足保温要求，又要兼顾隔声性能。设计应综合考虑楼面的使用要求，以及保温材料的密度、压缩强度和导热系数等。材料的性能指标均应符合相关标准的规定，燃烧性能等级不应低于 B1 级。

三、护层应采用细石混凝土或轻集料混凝土，厚度不小于 40mm，强度不低于 C20 或 LC15；当兼敷管层时，厚度不应小于 50mm，并应配置双向钢筋。保护层浇筑后应及时养护，完成后不得随意切槽埋管，地板龙骨固定钉不得穿通保护层。

第四章　乡村服务设施施工技术

第一节　无障碍设施的施工验收

一、设计单位就审查合格的施工图设计文件向施工单位进行技术交底时，应对该工程项目包含的无障碍设施作出专项的说明。

二、无障碍设施的施工应由具有相关工程施工资质的单位承担。

三、实行监理的建设工程项目，项目监理部应对该工程项目包含的无障碍设施编制监理实施细则。

四、施工单位应按审查合格的施工图设计文件和施工技术标准进行无障碍设施的施工。

五、单位工程的施工组织设计中应包括无障碍设施施工的内容。

六、无障碍设施施工现场应在质量管理体系中包含相关内容，制定相关的施工质量控制和检验制度。

七、无障碍设施施工应建立安全技术交底制度，并对作业人员进行相关的安全技术教育与培训。作业前，施工技术人员应向作业人员进行详尽的安全技术交底。

八、无障碍设施疏散通道及疏散指示标识、避难空间、具有声光报警功能的报警装置应符合国家现行消防工程施工及验收标准的有关规定。

九、无障碍设施使用的原材料、半成品及成品的质量标准，应符合设计文件要求及国家现行建筑材料检测标准的有关规定。室内无障碍设施使用的材料应符合国家现行环保标准的要求；并应具备产品合格证书、中文说明书和相关性能的检测报告。进场前应对其品种、规格、型号和外观进行验收。需要复检的，应按设计要求和国家现行有关标准的规定进行取样和检测。必要时应划分单独的检验批进行检验。

十、缘石坡道、盲道、轮椅坡道、无障碍出入口、无障碍通道、楼梯和台阶、无障碍停车位、轮椅席位等地面面层抗滑性能应符合标准、规范和设计要求。

十一、无障碍设施施工及质量验收应符合下列规定：

1. 无障碍设施的施工及质量验收应符合标准《城镇道路工程施工与质量验收规范》（CJJ 1—2008）和《建筑工程施工质量验收统一标准》（GB 50300—2013）的有关规定。

2. 无障碍设施的施工及质量验收应按设计要求进行；当设计无要求时，应按国家现行工程质量验收标准的有关规定验收；当没有明确的国家现行验收标准要求时，应由设计单位、监理单位和施工单位按照确保无障碍设施的安全和使用功能的原则共同制定验收标准，并按验收标准进行验收。

3. 无障碍设施的施工及质量验收应与单位工程的相关分部工程相对应，划分为分项工程和检验批。无障碍设施按《无障碍设施施工验收及维护规范》（GB 50642—2011）附录 A 进行分项工程划分并与相关分部工程对应。

4. 无障碍设施的施工及质量验收应由监理工程师（建设单位项目技术负责人）组织无障碍设施施工单位项目质量负责人等进行。

5. 无障碍设施涉及的隐蔽工程在隐蔽前应由施工单位通知监理单位进行验收，并按《无障碍设施施工验收及维护规范》（GB 50642—2011）附录 B 的格式记录，形成验收文件。

6. 检验批的质量验收应按《无障碍设施施工验收及维护规范》（GB 50642—2011）附录 D 的格式记录。检验批质量验收合格应符合下列规定：

（1）主控项目的质量应经抽样检验合格。

（2）一般项目的质量应经抽样检验合格；当采用计数检验时，

一般项目的合格点率应达到 80% 及以上，且不合格点的最大偏差不得大于规范规定允许偏差的 l.5 倍。

（3）具有完整的施工原始资料和质量检查记录。

7. 分项工程的质量验收应按《无障碍设施施工验收及维护规范》（GB 50642—2011）附录 D 的格式记录，分项工程质量验收合格应符合下列规定：

（1）分项工程所含检验批均应符合质量合格的规定；

（2）分项工程所含检验批的质量验收记录应完整。

8. 当无障碍设施施工质量不符合要求时，应按下列规定进行处理：

（1）经返工或更换器具、设备的检验批，应重新进行验收；

（2）经返修的分项工程，虽然改变外形尺寸但仍能满足安全使用要求，应按技术处理方案和协商文件进行验收；

（3）因主体结构、分部工程原因造成的拆除重做或采取其他技术方案处理的，应重新进行验收或按技术方案验收。

9. 无障碍通道的地面面层和盲道面层应坚实、平整、抗滑、无倒坡、不积水。其抗滑性能应由施工单位通知监理单位进行验收。面层的抗滑性能采用抗滑系数和抗滑摆值进行控制；抗滑系数和抗滑摆值的检测方法应符合《无障碍设施施工验收及维护规范》（GB 50642—2011）第 C.0.2 条和第 C.0.3 条的规定。验收记录应按《无障碍设施施工验收及维护规范》（GB 50642—2011）表 C.0.1 的格式记录，形成验收文件。

10. 无障碍设施地面基层的强度、厚度及构造做法应符合设计要求。其基层的质量验收，与相应地面基层的施工工序同时验收。基层验收合格后，方可进行面层的施工。

11. 地面面层施工后应及时进行养护，达到设计要求后，方可正常使用。

十二、安全抓杆预埋件应进行验收。

十三、安全抓杆预埋件验收时，应由施工单位通知监理单位按《无障碍设施施工验收及维护规范》（GB 50642—2011）附录 B 的格式记录，形成验收文件。

十四、通过返修或加固处理仍不能满足安全和使用要求的无障碍设施分项工程，不得验收。

十五、未经验收或验收不合格的无障碍设施，不得使用。

第二节　缘石坡道

一、缘石坡道面层材料抗压强度应符合设计要求。

检验方法：检查抗压强度试验报告。

二、石坡道坡度应符合设计要求。

检验方法：用坡度尺量测检查。

检查数量：每 40 条查 5 点。

三、缘石坡道宽度应符合设计要求。

检验方法：用钢尺量测检查。

检查数量：每 40 条查 5 点。

四、缘石坡道下口与缓冲地带地面的高差应符合设计要求。

检验方法：用钢尺量测检查。

检查数量：每 40 条查 5 点。

五、混凝土面层表面应平整、无裂缝。

检验方法：观察。

检查数量：每 40 条查 5 点。

六、沥青混合料面层压实度应符合设计要求。

检验方法：查试验记录（马歇尔击实试件密度，试验室标准密度）。

检查数量：每 50 条查 2 点。

七、沥青混合料面层表面应平整、无裂缝、烂边、掉渣、推挤现象，接槎应平顺，烫边无枯焦现象。

检验方法：观察。

检查数量：每 40 条查 5 点。

八、整体面层允许偏差应符合表 4-1 的规定。

表 4-1　整体面层允许偏差

项目		允许偏差（mm）	检验频率		检验方法
			范围	点数	
平整度	水泥混凝土	3	每条	2	2m 靠尺和塞尺量取最大值
	沥青混凝土	3			
	其他沥青混合料	4			
厚度		±5	每 50 条	2	钢尺量测
井框与路面高差	水泥混凝土	3	每座	1	十字法，钢板尺和塞尺量取最大值
	沥青混凝土	5			

九、板块面层所用的预制砌块、陶瓷类地砖、石板材和块石的品种、质量应符合设计要求。

检验方法：观察，检查材质合格证明文件、检验报告。

十、结合层、块料填缝材料的强度、厚度应符合设计要求。

检验方法：检查验收记录、材质合格证明文件及抗压强度试验报告。

十一、缘石坡道坡度应符合设计要求。

检验方法：用坡度尺量测检查。

检查数量：每 40 条查 5 点。

十二、缘石坡道宽度应符合设计要求。

检验方法：用钢尺量测检查。

检查数量：每 40 条查 5 点。

十三、缘石坡道下 121 与缓冲地带地面的高差应符合设计要求。

检验方法：用钢尺量测检查。

检查数量：每 40 条查 5 点。

十四、缘石坡道面层与基层应结合牢固，无空鼓。

检验方法：用小锤轻击检查。

注：凡单块砖边角有局部空鼓，且每检验批不超过总数 5％可不计。

十五、地砖、石板材外观不应有裂缝、掉角、缺楞和翘曲等缺陷，表面应洁净、图案清晰、色泽一致，周边顺直。

检验方法：观察。

十六、块石面层应组砌合理，无十字缝；当设计未要求时，块石面层石料缝隙应相互错开、通缝不超过两块石料。

检验方法：观察。

十七、板块面层允许偏差应符合设计规范的要求和表 4-2 的规定。

表4-2 板块面层允许偏差

项目	允许偏差（mm）				检验频率		检验方法
	预制砌块	陶瓷类地砖	石板材	块石	范围	点数	
平整度	5	2	1	3	每条	2	2m靠尺和塞尺量取最大值
相邻块高差	3	0.5	0.5	2	每条	2	钢板尺和塞尺量取最大值
井框与路面高差	3	3			每座	1	十字法，钢板尺和塞尺量取最大值

第三节 盲 道

一、盲道在施工前应对设计图纸进行会审，根据现场情况，与其他设计工种协调，不宜出现为避让树木、电线杆、拉线等障碍物而使行进盲道多处转折的现象。

二、当利用检查井盖上设置的触感条作为行进盲道的一部分时，应衔接顺直、平整。

三、盲道铺砌和镶贴时，行进盲道砌块与提示盲道砌块不得替代使用或混用。

四、预制盲道砖（板）的规格、颜色、强度应符合设计要求。行进盲道触感条和提示盲道触感圆点凸面高度、形状和中心距允许偏差应符合表4-3、表4-4的规定。

表4-3 行进盲道触感条凸面高度、形状和中心距允许偏差

部位	规定值（mm）	允许偏差（mm）
面宽	25	±1
底宽	35	±1
凸面高度	4	+1
中心距	62~75	±1

表4-4 提示盲道触感圆点凸面高度、形状和中心距允许偏差

部位	规定值（mm）	允许偏差（mm）
表面直径	25	±1
底面直径	35	±1
凸面高度	4	+1
圆点中心距	50	±1

检验方法：检查材质合格证明文件、出厂检验报告，用钢尺量测检查。

检查数量：同一规格、同一颜色、同一强度的预制盲道砖（板）材料，应以100m² 为一验收批；不足100m² 按一验收批计。每验收批取5块试件进行检查。

五、结合层、盲道砖（板）填缝材料的强度、厚度应符合设计要求。

检验方法：检查验收记录、材质合格证明文件及抗压强度试验报告。

六、盲道的宽度，提示盲道和行进盲道设置的部位、走向应符合设计要求。

检验方法：观察和用钢尺量测检查。

检查数量：全数检查。

七、盲道与障碍物的距离应符合设计要求。

检验方法：用钢尺量测检查。

检查数量：全数检查。

八、人行道范围内各类管线、树池及检查井等构筑物，应在人行道面层施工前全部完成。外露的井盖高程应调整至设计高程。

检验方法：用水准仪、靠尺量测检查。

检查数量：全数检查。

九、盲道砖（板）的铺砌和镶贴应牢固，表面平整，缝线顺直，缝宽均匀，灌缝饱满，无翘边、翘角，不积水。其触感条和触感圆点的凸面应高出相邻地面。

检验方法：观察。

检查数量：全数检查。

十、预制盲道砖（板）外观允许偏差应符合表 4-5 的规定。

表 4-5　预制盲道砖（板）外观允许偏差

项目	允许偏差（mm）	检查频率		检验方法
		范围（m）	块数	
边长	2			钢尺量测
对角线长度	3	500	20	钢尺量测
裂缝、表面起皮	不允许出现			观察

十一、预制盲道砖（板）面层允许偏差应符合表 4-6 的规定。

表 4-6　预制盲道砖（板）面层允许偏差

项目名称	允许偏差（mm）			检查频率		检验方法
	预制盲道块	石材类盲道板	陶瓷类盲道板	范围（m）	点数	
平整度	3	1	2	20	1	2m靠尺和塞尺量取最大值
相邻块高差	3	0.5	0.5	20	1	钢板尺和塞尺量测
接缝宽度	+3，−2	1	2	50	1	钢尺量测
纵缝顺直	5	—	—	50	1	拉20m线钢尺量测
	—	2	3	50	1	拉5m线钢尺量测
横缝顺直	2	1	1	50	1	按盲道宽度拉线钢尺量测

十二、橡塑类盲道应由基层、黏结层和盲道板三部分组成。基层材料宜由混凝土（水泥砂浆）、天然石材、钢质或木质等材料组成。

十三、采用橡胶地板材料制成的盲道板的性能指标应符合行业标准《橡塑铺地材料 第 1 部分：橡胶地板》（HG/T 3747.1—2011）的有关规定。

检验方法：检查材质合格证明文件、出厂检验报告。

十四、采用橡胶地砖材料制成的盲道板的性能指标应符合行业标准《橡塑铺地材料 第 2 部分：橡胶地砖》（HG/T 3747.2—2004）的有关规定。

检验方法：检查材质合格证明文件、出厂检验报告。

十五、聚氯乙烯盲道型材的性能指标应符合行业标准《橡塑铺地材料 第 3 部分：阻燃聚氯乙烯地板》（HG/T 3747.3—2014）的有关规定。

检验方法：检查材质合格证明文件、出厂检验报告。

十六、橡塑类盲道板的厚度应符合设计要求。其最小厚度不应小于 30mm，最大厚度不应大于 50mm。厚度的允许偏差应为 ±0.2mm。触感条和触感圆点凸面高度、形状应符合表 4-3、表 4-4 的规定。

检验方法：检查出厂检验报告，用游标卡尺量测。

十七、胶黏剂的品种、强度、厚度应符合设计和相关规范要求。面层与基层应黏结牢固、不空鼓。

检验方法：检查材质合格证明文件、出厂检验报告，用小锤轻击检查。

十八、橡塑类盲道的宽度，提示盲道和行进盲道设置的部位、走向应符合设计要求。

检验方法：观察和用钢尺量测检查。

检查数量：全数检查。

十九、橡塑类盲道与障碍物的距离应符合设计要求。

检验方法：用钢尺量测检查。

检查数量：全数检查。

二十、橡塑类盲道板的尺寸应符合设计要求。其允许偏差应符合表 4-7 的规定。

表 4-7　橡塑类盲道板尺寸允许偏差

规格	长度	宽度	厚度（mm）	耐磨层厚度（mm）
块材	±0.15%	±0.15%	±0.20	±0.15
卷材	不低于名义值	不低于名义值	±0.20	±0.15

二十一、橡塑类盲道板外观不应有污染、翘边、缺角及断裂等缺陷。

检验方法：观察。

二十二、橡胶地板材料和橡胶地砖材料制成的盲道板的外观质量应符合表 4-8 的规定。

检验方法：观察。

表 4-8　橡胶地板材料和橡胶地砖材料制成的盲道板的外观质量

缺陷名称	外观质量
表面污染、杂质、缺口、裂纹	不允许

缺陷名称	外观质量
表面缺胶	块材：面积小于 5m²、深度小于 0.2mm 的缺胶不得超过 3 处； 卷材：每平方米面积小于 5mm²、深度小于 0.2mm 的缺胶不得超过 3 处
表面气泡	块材：面积小于 5mm² 的气泡不得超过 2 处； 卷材：面积小于 5mm² 的气泡，每平方米不得超过 2 处
色差	单块、单卷不允许有；批次间不允许有明显色差

二十三、聚氯乙烯盲道型材的外观质量应符合表 4-9 的规定。

检验方法：观察。

表 4-9　聚氯乙烯盲道型材的外观质量

缺陷名称	外观质量要求
气泡、海绵状	表面不允许
褶皱、水纹、疤痕及凹凸不平	不允许
表面污染、杂质	聚氯乙烯块材：不允许； 聚氯乙烯卷材：面积小于 5m²、深度小于 0.15mm 的缺陷，每平方米不得超过 3 处
色差、表面撒花密度不均	单块不允许有；批次间不允许有明显色差

二十四、不锈钢盲道应由基层、黏结层和盲道型材三部分组成。基层宜分为混凝土（水泥砂浆）、天然石材、钢质和木质的建筑完成面。

二十五、不锈钢盲道型材的物理力学性能应符合不锈钢 06Cr19Ni10 的性能要求。

二十六、不锈钢盲道型材的厚度应符合设计要求。厚度的允许偏差应为 ±2mm。触感条和触感圆点凸面高度、形状应符合表 4-3、表 4-4 的规定。

检验方法：检查出厂检验报告，用游标卡尺量测检查。

二十七、胶黏剂的品种、强度、厚度应符合设计要求。面层与基层应黏结牢固、不空鼓。

检验方法：检查材质合格证明文件、出厂检验报告，用小锤轻击检查。

二十八、不锈钢盲道设置的宽度，提示盲道和行进盲道设置的部位、走向应符合设计要求。

检验方法：观察和用钢尺量测检查。

检查数量：全数检查。

二十九、不锈钢盲道与障碍物的距离应符合设计要求。

检验方法：用钢尺量测检查。

检查数量：全数检查。

三十、不锈钢盲道型材的尺寸应符合设计要求。

三十一、不锈钢盲道面层外观不应有污染、翘边、缺角及断裂等缺陷。

检验方法：观察。

三十二、不锈钢盲道型材的外观质量应符合表 4-10 的规定。

检验方法：观察。

表 4-10　不锈钢盲道型材的外观质量

缺陷名称	外观质量要求
表面污染、杂质、缺口、裂纹	不允许
表面凹坑	面积小于 5mm² 的凹坑，每平方米不得超过 2 处

第四节　轮椅坡道

一、设置轮椅坡道处应避开雨水井和排水沟。当需要设置雨水井和排水沟时，雨水井和排水沟的雨水箅网眼尺寸应符合设计和相关规范要求，且不应大于 15mm。

二、轮椅坡道铺面的变形缝应按设计和相关规范的要求设置，并应符合下列规定：

1. 轮椅坡道的变形缝应与结构缝相应的位置一致，且应贯通轮椅坡道面的构造层。

2. 变形缝的构造做法应符合设计和相关规范要求。缝内应清理干净，以柔性密封材料填嵌后用板封盖。变形缝封盖板应与面层齐平。

三、轮椅坡道顶端轮椅通行平台与地面的高差不应大于 10mm，并应以斜面过渡。

四、轮椅坡道临空侧面的安全挡台高度、不同位置的坡道坡度和宽度及不同坡度的高度和水平长度应符合设计要求。

五、轮椅坡道扶手的施工应符合《无障碍设施施工验收及维护规范》（GB 50642—2011）第 3.9 节的有关规定。

六、面层材料应符合设计要求。

检验方法：检查材质合格证明文件、出厂检验报告。

七、板块面层与基层应结合牢固、无空鼓。

检验方法：用小锤轻击检查。

八、坡度应符合设计要求。

检验方法：用坡度尺量测检查。

检查数量：全数检查。

九、宽度应符合设计要求。

检验方法：用钢尺量测检查。

检查数量：全数检查。

十、轮椅坡道下口与缓冲地带地面或休息平台的高差应符合设计要求。

检验方法：用钢尺量测检查。

检查数量：全数检查。

十一、安全挡台高度应符合设计要求。

检验方法：用钢尺量测检查。

检查数量：全数检查。

十二、轮椅坡道起点、终点缓冲地带和中间休息平台的长度应符合设计要求。

检验方法：用钢尺量测检查。

检查数量：全数检查。

十三、雨水井和排水沟的雨水箅网眼尺寸应符合设计要求。

检验方法：用钢尺量测检查。

检查数量：全数检查。

十四、轮椅坡道外观不应有裂纹、麻面等缺陷。

检验方法：观察检查。

十五、轮椅坡道地面面层允许偏差应符合《无障碍设施施工验收及维护规范》（GB 50642—2011）表 3.5.15 的规定。轮椅坡道整体面层允许偏差应符合《无障碍设施施工验收及维护规范》（GB 50642—2011）表 3.2.9 的规定。轮椅坡道板块面层允许偏差应符合《无障碍设施施工验收及维护规范》（GB 50642—2011）表 3.2.18 的规定。

第五节　无障碍通道

一、无障碍通道内盲道的施工应符合《无障碍设施施工验收及维护规范》（GB 50642—2011）第 3.3 节的有关规定。

二、无障碍通道内扶手的施工应符合《无障碍设施施工验收及维护规范》（GB 50642—2011）第 3.9 节的有关规定。

三、无障碍通道地面面层材料应符合设计要求。

检验方法：检查材质合格证明文件、出厂检验报告。

四、无障碍通道地面面层与基层应结合牢固、无空鼓。

检验方法：用小锤轻击检查。

五、无障碍通道的宽度应符合设计要求，无障碍物。

检验方法：观察和用钢尺量测检查。

六、从墙面伸入无障碍通道凸出物的尺寸和高度应符合设计要求。园林道路的树木凸入无障碍通道内的高度应符合标准《公园设计规范》（GB 51192—2016）第 7.1.13、第 7.1.17 条的规定。

检验方法：观察和用钢尺量测检查。

检查数量：全数检查。

七、无障碍通道内雨水井和排水沟的雨水箅网眼尺寸应符合设计要求，且不应大于 15mm。

检验方法：用钢尺量测检查。

检查数量：全数检查。

八、门扇向无障碍通道内开启时设置的凹室尺寸应符合设计要求。

检验方法：用钢尺量测检查。

检查数量：全数检查。

九、无障碍通道一侧或尽端与其他地坪有高差时，设置的栏杆或栏板等安全设施应符合设计要求。

检验方法：观察和用钢尺量测检查。

检查数量：全数检查。

十、无障碍通道内的光照度应符合设计要求。

检验方法：检查检测报告。

检查数量：全数检查。

十一、无障碍通道内的雨水箅应安装平整。

检验方法：用钢板尺和塞尺量测检查。

十二、无障碍通道护壁板的高度应符合设计要求。

检验方法：用钢尺量测检查。

检查数量：每条通道和走道查 2 点。

十三、无障碍通道转角处墙体的倒角或圆弧尺寸应符合设计要求。

检验方法：用钢尺量测检查。

检查数量：每条通道和走道查 2 点。

十四、无障碍通道地面面层允许偏差应符合表 4-11 的规定。坡道整体面层允许偏差应符合《无障碍设施施工验收及维护规范》（GB 50642—2011）表 3.2.9 的规定。坡道板块面层允许偏差应符合《无障碍设施施工验收及维护规范》（GB 50642—2011）表 3.2.18 的规定。

表 4-11　无障碍通道地面面层允许偏差

项目		允许偏差（mm）	检验频率		检验方法
			范围	点数	
平整度	水泥砂浆	2	每条	2	用 2m 靠尺和塞尺量取最大值
	细石混凝土、橡胶弹性面层	3			
	沥青混合料	4			
	水泥花砖	2			
	陶瓷类地砖	2			
	石板材	1			
整体面层厚度		±5	每条	2	用钢尺量测或现场钻孔
相邻块高差		0.5	每条	2	用钢板尺和塞尺量取最大值

十五、无障碍通道的雨水箅和护墙板的允许偏差应符合表 4-12 的规定。

表 4-12　雨水箅和护墙板的允许偏差

项目	允许偏差（mm）	检验频率		检验方法
		范围	点数	
地面与雨水箅高差	0，−3	每条	2	用钢板尺和塞尺量取最大值
护墙板高度	+3，0	每条	2	用钢尺量测

第六节　无障碍停车位

一、通往无障碍停车位的轮椅坡道和无障碍通道应分别符合《无障碍设施施工验收及维护规范》（GB 50642—2011）第 3.4 节和第 3.5 节的规定。

二、无障碍停车位的停车线、轮椅通道线的标划应符合国家标准《城市道路交通标志和标线设置规范》（GB 51038—2015）的有关规定。

三、无障碍停车位设置的位置和数量应符合设计要求。

检验方法：观察。

四、无障碍停车位一侧的轮椅通道宽度应符合设计要求。

检验方法：用钢尺量测检查。

检查数量：全数检查。

五、无障碍停车位的地面漆画的停车线、轮椅通道线和无障碍标志应符合设计要求。

检验方法：观察。

检查数量：全数检查。

六、无障碍停车位地面面层允许偏差应符合《无障碍设施施工验收及维护规范》（GB 50642—2011）表 3.5.15 的规定。坡道整体面层允许偏差应符合《无障碍设施施工验收及维护规范》（GB 50642—2011）表 3.2.9 的规定。坡道板块面层允许偏差应符合《无障碍设施施工验收及维护规范》（GB 50642—2011）表 3.2.18 的规定。

七、无障碍停车位地面的坡度应符合设计要求。

检验方法：观察和用坡度尺量测检查。

八、无障碍停车位地面坡度允许偏差应符合表 4-13 的规定。

表 4-13　无障碍停车位地面坡度允许偏差

项目	允许偏差	检验频率		检验方法
		范围	点数	
坡度	±1.3%	每条	2	用坡度尺量测

第七节　无障碍出入口

一、无障碍出入口处设置的提示闪烁灯应符合设计要求。

二、无障碍出入口处的盲道施工应符合《无障碍设施施工验收及维护规范》（GB 50642—2011）第 3.3 节的有关规定。

三、无障碍出入口处的坡道施工应符合《无障碍设施施工验收及维护规范》（GB 50642—2011）第 3.4 节的有关规定。

四、无障碍出入口处扶手的施工应符合《无障碍设施施工验收及维护规范》（GB 50642—2011）第 3.9 节的有关规定。

五、采用无台阶的无障碍出入口室外地面的坡度应符合设计要求。

检验方法：用坡度尺量测检查。

检查数量：全数检查。

六、无障碍出入口平台的宽度、平台上方设置的雨篷应符合设计要求。

检验方法：用钢尺量测检查。

检查数量：全数检查。

七、无障碍出入口门厅、过厅设两道门时，门扇同时开启的距离应符合设计要求。

检验方法：用钢尺量测检查。

检查数量：全数检查。

八、无障碍出入口处的雨水箅网眼尺寸应符合设计要求，且不应大于 15mm。

检验方法：用钢尺量测检查。

检查数量：全数检查。

第八节　低位服务设施

一、通往低位服务设施的坡道和无障碍通道应符合《无障碍设施施工验收及维护规范》（GB 50642—2011）第 3.4 节和第 3.5 节的规定。

二、低位服务设施设置的部位和数量应符合设计要求。

检验方法：观察。

检查数量：全数检查。

三、低位服务设施的高度、宽度、深度、电话台和饮水口的高度应符合设计要求。

检验方法：观察和用钢尺量测检查。

检查数量：全数检查。

四、低位服务设施下方的净空尺寸应符合设计要求。

检验方法：用钢尺量测检查。

检查数量：全数检查。

五、低位服务设施前的轮椅回转空间尺寸应符合设计要求。

检验方法：用钢尺量测检查。

检查数量：全数检查。

六、低位服务设施处开关的选型应符合设计要求。

检验方法：检查产品合格证明文件。

检查数量：全数检查。

第九节 扶 手

一、扶手所使用材料的材质、扶手的截面形状、尺寸应符合设计要求。

检验方法：检查产品合格证明文件、出厂检验报告和用钢尺量测检查。

二、扶手的立柱和托架与主体结构的连接应经隐蔽工程验收合格后，方可进行下道工序的施工。扶手的强度及扶手立柱和托架与主体的连接强度应符合设计要求。

检验方法：检查隐蔽工程验收记录和用手扳检查，必要时可进行拉拔试验。

三、扶手设置的部位、安装高度、其内侧与墙面的距离应符合设计要求。

检验方法：观察和用钢尺量测检查。

检查数量：全数检查。

四、扶手的连贯情况，起点和终点的延伸方向和长度应符合设计要求。

检验方法：观察和用钢尺量测检查。

检查数量：全数检查。

五、对有安装盲文铭牌要求的扶手，盲文铭牌的数量和安装位置应符合设计要求。

检验方法：观察。

检查数量：全数检查。

六、扶手转角弧度应符合设计要求，接缝应严密，表面应光滑，色泽应一致，不得有裂缝、翘曲及损坏。

检验方法：观察。

七、钢构件扶手表面应做防腐处理，其连接处的焊缝应锉平磨光。

检验方法：观察和手摸检查。

八、扶手的允许偏差应符合表 4-14 的规定。

表 4-14 扶手的允许偏差

项目	允许偏差（mm）	检验频率		检验方法
		范围	点数	
立柱和托架间距	3	每条	2	钢尺量测
立柱垂直度	3	每条	2	1m垂直检测尺测量
扶手直线度	4	每条	1	挖5m线、钢尺测量

第十节 门

一、采用玻璃门时，其形式和玻璃的种类应符合设计和规范要求。

二、门与相邻墙壁的亮度对比应符合设计和规范要求。

三、门的选型、材质、平开门的开启方向应符合设计要求。

检验方法：检查产品合格证明文件，观察检查。

检查数量：全数检查。

四、门开启后的净宽应符合设计要求。

检验方法：用钢尺量测检查。

检查数量：全数检查。

五、推拉门、平开门把手一侧的墙面宽度应符合设计要求。

检验方法：用钢尺量测检查。

检查数量：全数检查。

六、门扇上安装的把手、关门拉手和闭门器应符合设计要求。

检验方法：检查产品合格证明文件，手扳检查，开闭测试。

检查数量：全数检查。

七、平开门门扇上观察窗的尺寸和安装高度应符合设计要求。

检验方法：观察和用钢尺量测检查。

检查数量：全数检查。

八、门内外的高差及斜面的处理应符合设计要求。

检验方法：观察和用钢尺量测检查。

检查数量：全数检查。

九、门表面应洁净、平整、光滑、色泽一致。

检查数量：每 10 樘抽查 2 樘。

十、门的允许偏差应符合表 4-15 的规定。

表 4-15　门的允许偏差

项目			允许偏差（mm）	检验频率		检验方法
				范围	点数	
门框正、侧面垂度值	木门	普通	2	每 10 樘	2	用钢尺量测
		高级	1			
	钢门		3			
	铝合金门		2.5			
门横框水平度			3	每 10 樘	2	用水平尺和塞尺测量
平开门护门板高度			+3，0	每 10 樘	2	用钢尺量测

第十一节　无障碍电梯和升降平台

一、通往无障碍电梯和升降平台的盲道、轮椅坡道、无障碍通道、楼梯和台阶应分别符合《无障碍设施施工验收及维护规范》（GB 50642—2011）第 3.3 节、第 3.4

节、第 3.5 节、第 3.12 节的规定。

二、无障碍电梯轿厢内和升降平台的扶手应符合《无障碍设施施工验收及维护规范》(GB 50642—2011) 第 3.9 节的规定。

三、无障碍电梯和升降平台的类型、设置的位置和数量应符合设计要求。

检验方法：观察，检查产品合格证明文件。

检查数量：全数检查。

四、候梯厅宽度应符合设计要求。

检验方法：用钢尺量测检查。

检查数量：全数检查。

五、专用选层按钮选型、按钮高度应符合设计要求。

检验方法：观察和用钢尺量测检查。

检查数量：全数检查。

六、无障碍电梯门洞净宽度应符合设计要求。

检验方法：用钢尺量测检查。

检查数量：全数检查。

七、无障碍电梯轿厢内的楼层显示装置和音响报层装置应符合设计要求。

检验方法：现场测试。

检查数量：全数检查。

八、轿厢的规格及轿厢门开启后的净宽度应符合设计要求。

检验方法：检查产品合格证明文件，用钢尺量测检查。

检查数量：全数检查。

九、门扇关闭的光幕感应和门开闭的时间间隔应符合设计要求。

检验方法：现场测试。

检查数量：全数检查。

十、镜子或不锈钢镜面的安装应符合设计要求。

检验方法：观察和用钢尺量测检查。

检查数量：全数检查。

十一、升降平台的净宽和净深、挡板的设置应符合设计要求。

检验方法：检查产品合格证明文件，用钢尺量测检查。

检查数量：全数检查。

十二、升降平台的呼叫和控制按钮的高度应符合设计要求。

检验方法：用钢尺量测检查。

检查数量：全数检查。

十三、护壁板安装位置和高度应符合设计要求，护壁板高度允许偏差应符合表 4-16 的规定。

表 4-16 护壁板高度允许偏差

项目	允许偏差（mm）	检验频率		检验方法
		范围	点数	
护壁板高度	+3，0	每个轿厢	3	用钢尺量测

第十二节 楼梯和台阶

一、台阶应避开雨水井和排水沟。当需要设置雨水井和排水沟时，雨水井和排水沟的雨水箅网眼尺寸不应大于 15mm。

二、楼梯和台阶面层的变形缝应按设计要求设置，并应符合下列规定：

1. 面层的变形缝，应与结构相应缝的位置一致，且应贯通面层的构造层。

2. 变形缝的构造做法应符合设计和相关规范要求。缝内应清理干净，以柔性密封材料填嵌后用板封盖。变形缝封盖板应与面层齐平。

三、楼梯和台阶上盲道的施工应符合《无障碍设施施工验收及维护规范》（GB 50642—2011）第 3.3 节的有关规定。

四、楼梯和台阶上扶手的施工应符合《无障碍设施施工验收及维护规范》（GB 50642—2011）第 3.9 节的有关规定。

五、楼梯和台阶面层材料应符合设计要求。

检验方法：检查材质合格证明文件、出厂检验报告。

六、楼梯和台阶面层与基层应结合牢固、无空鼓。

检验方法：用小锤轻击检查。

七、楼梯的净空高度、楼梯和台阶的宽度应符合设计要求。

检验方法：用钢尺量测检查。

检查数量：全数检查。

八、踏步的宽度和高度应符合设计要求，其允许偏差应符合《无障碍设施施工验收及维护规范》（GB 50642—2011）表 3.12.9 的规定。

九、安全挡台高度应符合设计要求。

检验方法：用钢尺量测检查。

检查数量：全数检查。

十、踢面应完整。踏面凸缘的形状和尺寸、踢面和踏面颜色应符合设计要求。

检验方法：观察和用钢尺量测检查。

检查数量：全数检查。

十一、雨水井和排水沟的雨水箅网眼尺寸应符合设计要求，且不应大于 15mm。

检验方法：观察和用钢尺量测检查。

检查数量：全数检查。

十二、面层外观不应有裂纹、麻面等缺陷。

检验方法：观察。

十三、踏面面层应表面平整，板块面层应无翘边、翘角现象。面层质量允许偏差应符合表 4-17 的规定。

表 4-17　面层质量允许偏差

项目		允许偏差（mm）	检验频率		检验方法
			范围	点数	
平整度	水泥砂浆、水磨石	2	每梯段	2	用 2m 靠尺和塞尺量取最大值
	细石混凝土、橡胶弹性面层	3			
	水泥花砖	3			
	陶瓷类地砖	2			
	石板材	1			
相邻块高差		0.5	每梯段	2	用钢板尺和塞尺量取最大值

第十三节　轮椅席位

一、通往轮椅席位的轮椅坡道和无障碍通道应分别符合《无障碍设施施工验收及维护规范》（GB 50642—2011）第 3.4 节和第 3.5 节的规定。

二、轮椅席位设置的部位和数量应符合设计要求。

检验方法：观察。

检查数量：全数检查。

三、轮椅席位的面积应符合设计要求，且不应小于 1.10m×0.8m。

检验方法：用钢尺量测检查。

检查数量：全数检查。

四、轮椅席位边缘处安装的栏杆或栏板应符合设计要求。

检验方法：观察和用钢尺量测检查。

检查数量：全数检查。

五、轮椅席位地面涂画的范围线和无障碍标志应符合设计要求。

检验方法：观察。

检查数量：全数检查。

六、陪同者席位的设置应符合设计要求。

检验方法：观察。

七、轮椅席位地面面层允许偏差应符合《无障碍设施施工验收及维护规范》（GB 50642—2011）表 3.5.15 的规定。

第十四节　无障碍厕所和无障碍厕位

一、通往无障碍厕所和无障碍厕位的轮椅坡道和无障碍通道应分别符合《无障碍设施施工验收及维护规范》（GB 50642—2011）第3.4节和第3.5节的规定。

二、无障碍厕所和无障碍厕位的门应符合《无障碍设施施工验收及维护规范》（GB 50642—2011）第3.10节的规定。

三、无障碍厕所和无障碍厕位的面积和平面尺寸应符合设计要求。

检验方法：观察和用钢尺量测检查。

检查数量：全数检查。

四、无障碍厕位设置的位置和数量应符合设计要求。

检验方法：观察。

检查数量：全数检查。

五、坐便器、小便器、低位小便器、洗手盆、镜子等洁具和配件选用型号、安装高度应符合设计要求。

检验方法：检查产品合格证明文件和用钢尺量测检查。

检查数量：全数检查。

六、安全抓杆选用的材质、形状、截面尺寸、安装位置应符合设计要求。

检验方法：检查产品合格证明文件，观察和用钢尺量测检查。

检查数量：全数检查。

七、厕所和厕位的安全抓杆应安装牢固，支撑力应符合设计要求。

检验方法：检查产品合格证明文件、隐蔽工程验收记录、支撑力测试报告。

检查数量：全数检查。

八、供轮椅乘用者使用的无障碍厕所和无障碍厕位内轮椅的回转空间应符合设计要求。

检验方法：用钢尺量测检查。

检查数量：全数检查。

九、求助呼叫按钮的安装部位和高度应符合设计要求。报警信息传输、显示可靠。

检验方法：检查产品合格证明文件，观察和用钢尺量测检查，现场测试。

检查数量：全数检查。

十、洗手盆设置的高度及下方的净空尺寸应符合设计要求。

检查数量：全数检查。

检验方法：用钢尺量测检查。

十一、放物台的材质、平面尺寸、高度应符合设计要求。

检验方法：检查产品合格证明文件，用钢尺量测检查。

十二、挂衣钩安装的部位和高度应符合设计要求。挂衣钩的安装应牢固，强度满足悬挂重物的要求。

检验方法：观察和用钢尺量测检查，手扳检查。

十三、安全抓杆安装应横平竖直，转角弧度应符合设计要求，接缝应严密满焊，表面应光滑，色泽应一致，不得有裂缝、翘曲及损坏。

检验方法：观察和手摸检查。

十四、照明开关的选型和安装的高度应符合设计要求。

检验方法：检查产品合格证明文件，用钢尺量测检查。

检查数量：全数检查。

十五、灯具的型号和照度应符合设计要求。

检验方法：检查产品合格证明文件、照度检测报告。

检查数量：全数检查。

十六、无障碍厕所和无障碍厕位地面面层允许偏差应符合《无障碍设施施工验收及维护规范》（GB 50642—2011）表 3.5.15 的规定。

十七、放物台、挂衣钩和安全抓杆的允许偏差应符合表 4-18 的规定。

表 4-18 放物台、挂衣钩和安全抓杆的允许偏差

项目		允许偏差（mm）	检验频率		检验方法
			范围	点数	
放物台	平面尺寸	±10	每个	2	用钢尺量测
	高度	0，—10			
挂衣钩高度		0，—10	每座厕所	2	用钢尺量测
安全抓杆的垂直度		2	每4个	2	用垂直检测尺量测
安全抓杆的水平度		3	每4个	2	用水平尺量测

第十五节 无障碍浴室

一、通往无障碍浴室的轮椅坡道和无障碍通道应分别符合《无障碍设施施工验收及维护规范》（GB 50642—2011）第 3.4 节和第 3.5 节的规定。

二、无障碍浴室的门应符合《无障碍设施施工验收及维护规范》（GB 50642—2011）第 3.10 节的规定。

三、无障碍盆浴间和无障碍淋浴间的面积和平面尺寸应符合设计要求。

检验方法：用钢尺量测检查。

检查数量：全数检查。

四、无障碍浴室内轮椅的回转空间应符合设计要求。

检验方法：用钢尺量测检查。

检查数量：全数检查。

五、无障碍淋浴间的座椅和安全抓杆的配置、安装高度和深度应符合设计要求。

检验方法：检查产品合格证明文件，用钢尺量测检查。

检查数量：全数检查。

六、无障碍盆浴间的浴盆、洗浴座台和安全抓杆的配置、安装高度和深度应符合设计要求。

检验方法：检查产品合格证明文件，用钢尺量测检查。

检查数量：全数检查。

七、浴室的安全抓杆应安装坚固，支撑力应符合设计要求。

检验方法：检查产品合格证明文件、隐蔽工程验收记录、支撑力测试报告。

检查数量：全数检查。

八、求助呼叫按钮的安装部位和高度应符合设计要求。报警信息传输、显示可靠。

检验方法：检查产品合格证明文件，用钢尺量测检查，现场测试。

检查数量：全数检查。

九、更衣台、洗手盆和镜子安装的高度、深度，洗手盆下方的净空尺寸应符合设计要求。

检验方法：用钢尺量测检查。

检查数量：全数检查。

十、浴帘、毛巾架和淋浴器喷头的安装高度应符合设计要求。

检验方法：用钢尺量测检查。

十一、安全抓杆安装应横平竖直，转角弧度应符合设计要求，接缝应严密满焊，表面应光滑，色泽应一致，不得有裂缝、翘曲及损坏。

检验方法：观察和手摸检查。

十二、照明开关的选型和安装的高度应符合设计要求。

检验方法：检查产品合格证明文件，用钢尺量测检查。

检查数量：全数检查。

十三、灯具的型号和照度应符合设计要求。

检验方法：检查产品合格证明文件、照度检测报告。

检查数量：全数检查。

十四、无障碍盆浴间和无障碍淋浴间地面的允许偏差应符合《无障碍设施施工验收及维护规范》（GB 50642—2011）表 3.5.15 的规定。

十五、浴帘、毛巾架、淋浴器喷头、更衣台、挂衣钩和安全抓杆的允许偏差应符合表 4-19 的规定。

表 4-19　浴帘、毛巾架、淋浴器喷头、更衣台、挂衣钩和安全抓杆的允许偏差

项目		允许偏差（mm）	检验频率		检验方法
			范围	点数	
浴帘、毛巾架、挂衣钩高度		0，−10	每个	1	用钢尺量测
淋浴器喷头高度		0，−15	每个	1	用钢尺量测
更衣台、洗手盆	平面尺寸	±10	每个	2	用钢尺量测
	高度	0，−10			
安全抓杆的垂直度		2	每4个	2	用垂直检测尺量测
安全抓杆的水平度		3	每4个	2	用水平尺量测

第十六节　无障碍住房和无障碍客房

一、无障碍住房的吊柜、壁柜、厨房操作台安装预埋件或后置预埋件的数量、规格、位置应符合设计和相关规范要求。必须经隐蔽工程验收合格后，方可进行下道工序的施工。

二、通往无障碍住房和无障碍客房的轮椅坡道、无障碍通道、无障碍电梯和升降平台、楼梯和台阶应分别符合《无障碍设施施工验收及维护规范》（GB 50642—2011）第 3.4 节、第 3.5 节、第 3.11 节、第 3.12 节的规定。

三、无障碍住房和无障碍客房的门应符合《无障碍设施施工验收及维护规范》（GB 50642—2011）第 3.10 节的规定。

四、无障碍住房和无障碍客房的卫生间应符合《无障碍设施施工验收及维护规范》（GB 50642—2011）第 3.14 节的规定。

五、无障碍住房和无障碍客房的浴室应符合《无障碍设施施工验收及维护规范》（GB 50642—2011）第 3.15 节的规定。

六、无障碍住房和无障碍客房的套型布置。无障碍客房内的过道、卫生间，无障碍住房的卧室、起居室、厨房、卫生间、过道和阳台等基本使用空间的面积应符合设计要求。

检验方法：用钢尺量测检查。

检查数量：全数检查。

七、无障碍客房设置的位置和数量应符合设计要求。

检验方法：观察。

检查数量：全数检查。

八、无障碍住房和无障碍客房所设置的求助呼叫按钮和报警灯的安装部位和高度应符合设计要求。报警信息显示、传输可靠。

检验方法：检查产品合格证明文件，用钢尺量测检查，现场测试。

检查数量：全数检查。

九、无障碍住房和无障碍客房设置的家具和电器的摆放位置和高度应符合设计要求。

检验方法：用钢尺量测检查。

检查数量：全数检查。

十、无障碍住房和无障碍客房的地面、墙面及轮椅回转空间应符合设计要求。

检验方法：观察和用钢尺量测检查。

检查数量：全数检查。

十一、无障碍住房的厨房操作台、吊柜、壁柜必须安装牢固。厨房操作台的高度、深度及台下的净空尺寸、厨房吊柜的高度和深度应符合设计要求。

检验方法：手扳检查，用钢尺量测检查。

检查数量：全数检查。

十二、橱柜的高度和深度、挂衣杆的高度应符合设计要求。

检验方法：用钢尺量测检查。

检查数量：全数检查。

十三、无障碍住房的阳台进深应符合设计要求。

检验方法：用钢尺量测检查，

十四、晾晒设施应符合设计要求。

检验方法：观察。

十五、开关、插座的选型、位置和安装高度应符合设计要求。

检验方法：检查产品合格证明文件，用钢尺量测检查。

十六、无障碍住房设置的通信设施应符合设计要求。

检验方法：观察，现场测试。

十七、无障碍住房和无障碍客房地面的允许偏差应符合《无障碍设施施工验收及维护规范》（GB 50642—2011）表 3.5.15 的规定。

十八、无障碍住房的厨房操作台、吊柜、壁柜，表面应平整、洁净，色泽应一致，不得有裂缝、翘曲及损坏。

检验方法：观察。

十九、无障碍住房的厨房操作台、吊柜、壁柜的抽屉和柜门应开关灵活，回位正确。

检验方法：观察，开启和关闭检查。

二十、无障碍住房的橱柜、厨房操作台、吊柜、壁柜的允许偏差应符合表 4-20 的规定。

表 4-20　橱柜、厨房操作台、吊柜、壁柜的允许偏差

项目	允许偏差（mm）	检验方法
外形尺寸	3	用钢尺量测
立面垂直度	2	用垂直检测尺量测
门与框架的直线度	2	用拉通线，钢尺量测

第十七节 过街音响信号装置

一、过街音响信号装置的选型、设置和安装应符合国家标准《道路交通信号灯》（GB 14887—2011）和《道路交通信号灯设置与安装规范》（GB 14886—2016）的有关规定。

二、装置应安装牢固，立杆与基础有可靠的连接。

检验方法：检查安装施工记录、隐蔽工程验收记录。

检查数量：全数检查。

三、装置设置的位置、高度应符合设计要求。

检验方法：观察和用钢尺量测检查。

检查数量：全数检查。

四、装置音响的间隔时间、声压级应符合设计要求。音响信号装置应具有根据要求开关的功能。

检验方法：检查产品合格证明文件，现场测试。

检查数量：全数检查。

五、过街音响信号装置的立杆应安装垂直。垂直度允许偏差为柱高的1/1000。

检验方法：用线锤和直尺量测检查。

检查数量：每4组抽查2根。

六、信号灯的轴线与过街人行横道的方向应一致，夹角不应大于5°。

检验方法：拉线量测检查。

检查数量：每4组抽查2根。

第十八节 无障碍标志和盲文标志

一、无障碍标志和盲文标志的材质应符合设计要求。

检验方法：检查产品合格证明文件。

二、无障碍标志和盲文标志设置的部位、规格和高度应符合设计要求。

检验方法：观察和用钢尺量测检查。

三、无障碍标志和盲文标志及图形的尺寸和颜色应符合国际通用无障碍标志的要求。

检验方法：观察和用钢尺量测检查。

四、对有盲文标牌要求的设施，盲文标牌设置的部位、规格和高度应符合设计要求。

检验方法：观察和用钢尺量测检查。

五、盲文标牌的尺寸和盲文内容应符合设计要求。盲文制作应符合国家标准《中国盲文》（GB/T 15720—2008）的有关要求。

检验方法：用钢尺量测检查，手摸检查。

六、盲文地图和触摸式发声地图的设置部位、规格和高度应符合设计要求。

检验方法：观察和用钢尺量测检查。

参考文献

[1] 中华人民共和国住房和城乡建设部. 建筑施工组织设计规范：GB/T 50502—2009 [S]. 北京：中国建筑工业出版社，2009.

[2] 中华人民共和国住房和城乡建设部. 建筑工程绿色施工规范：GB/T 50905—2014 [S]. 北京：中国建筑工业出版社，2014.

[3] 中华人民共和国住房和城乡建设部. 建筑地面工程施工质量验收规范：GB 50209—2010 [S]. 北京：中国计划出版社，2010.

[4] 中华人民共和国住房和城乡建设部. 建筑桩基技术规范：JGJ 94—2008 [S]. 北京：中国建筑工业出版社，2008.

[5] 中华人民共和国住房和城乡建设部. 建筑工程冬期施工规程：JGJ/T 104—2011 [S]. 北京：中国建筑工业出版社，2011.

[6] 中华人民共和国住房和城乡建设部. 建筑深基坑工程施工安全技术规范：JGJ 311—2013 [S]. 北京：中国建筑工业出版社，2013.

[7] 中华人民共和国住房和城乡建设部. 建筑施工高处作业安全技术规范：JGJ 80—2016 [S]. 北京：中国建筑工业出版社，2016.

[8] 中华人民共和国住房和城乡建设部. 建筑变形测量规范：JGJ 8—2016 [S]. 北京：中国建筑工业出版社，2016.

[9] 中华人民共和国住房和城乡建设部. 建筑与市政工程地下水控制技术规范：JGJ 111—2016 [S]. 北京：中国建筑工业出版社，2017.

[10] 中华人民共和国住房和城乡建设部. 建筑工程施工质量验收统一标准：GB 50030—2013 [S]. 北京：中国建筑工业出版社，2014.

[11] 中华人民共和国住房和城乡建设部. 混凝土结构工程施工质量验收规范：GB 50204—2015 [S]. 北京：中国建筑工业出版社，2015.

[12] 中华人民共和国住房和城乡建设部. 建筑基坑工程监测技术规标准：GB 50497—2019 [S]. 北京：中国计划出版社，2020.

[13] 中华人民共和国住房和城乡建设部. 建筑施工安全技术统一规范：GB 50870—2013 [S]. 北京：中国计划出版社，2014.

[14] 中华人民共和国住房和城乡建设部. 建筑地基基础工程施工质量验收标准：GB 50202—2018 [S]. 北京：中国计划出版社，2018.

[15] 中华人民共和国住房和城乡建设部. 钢结构工程施工规范：GB 50755—2012 [S]. 北京：中国建筑工业出版社，2012.

[16] 中华人民共和国住房和城乡建设部. 钢结构工程施工质量验收标准：GB 50205—2020 [S]. 北京：中国计划出版社，2020.